陈明达全集

【第四卷】应县木塔

陈明达 著

浙江摄影出版社

图书在版编目（CIP）数据

陈明达全集. 第四卷，应县木塔 / 陈明达著. -- 杭州 : 浙江摄影出版社，2023.1
ISBN 978-7-5514-3729-5

Ⅰ. ①陈… Ⅱ. ①陈… Ⅲ. ①陈明达（1914-1997）－全集②木结构－佛塔－研究－应县－辽代 Ⅳ. ①TU-52②K879.14

中国版本图书馆CIP数据核字(2022)第207101号

第四卷 目录

佛宫寺释迦塔

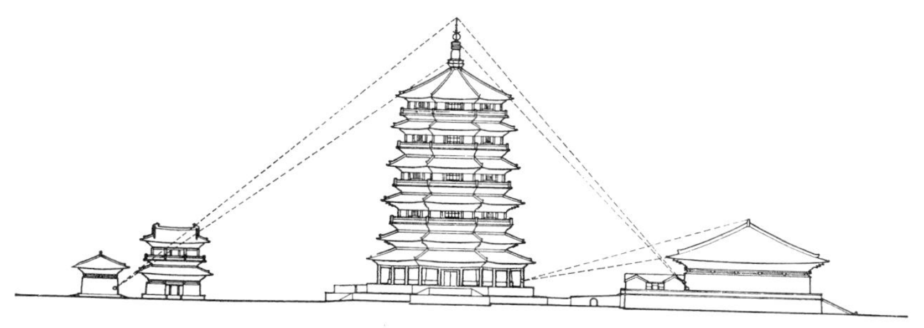

佛宫寺释迦塔

引 言

释迦塔是辽代兴宗皇帝耗费了大量人力和物力修建的。这个塔的修建，在当时是为了宗教的需要。在另一方面，它表现了劳动人民在建筑技术和艺术方面的高度成就。当然这是在一定历史发展阶段的成就，在今天看来，并不是完美无缺的。本文的目的主要是试图通过对这个塔在建筑技术上的分析，研究我国古代建筑发展中的几个建筑技术问题，供建筑研究者参考。

本文分为上下两篇。上篇“调查记”是概括地介绍一下大致情况，以期在详细了解或研究之前，先有一个总的轮廓印象。其中的第二节“释迦塔建筑实录”，是综合记录塔的实测结果，主要是各部分的尺寸做法。这些东西在实测图或图版上已都有了，这里只是把分散在各图版上的情况或数字，按性质集中起来，或指出各种相似部分的异同之处，使眉目清楚，以备专门研究某些问题时查阅之便。

下篇关于寺、塔的研究，是个范围很广泛的题目，限于个人水平和条件，只是就修建历史、原状、建筑设计及构图、结构等四项作了初步研究。此外如彩画、瓦作、小木作、塑像、壁画以及结构的力学分析等等，都限于条件或专业范围，或只提出问题，或未敢涉及。

我在编写之前，大致研究了塔的现状和具体条件后，决定以探讨当时设计方法为重点，希望总结出一点古代设计的经验，以突破单纯介绍古代建筑、欣赏古代建筑的圈子，从中找出一点具体的、对建筑设计有参考价值的东西。而逐步积累各时代、各方面的经验，又是探索中国建筑发展规律所必须做的一项工作。虽然一个建筑物的经验，不一定就是当时最成功的经验或最普遍的经验，但总得一个个地做，才能逐渐深入。

这样来研究古代建筑，虽曾做过一些零星片断的尝试，系统地集中研究一个建筑物，这还是第一次。最初以为这个题目不算难，但具体做起来，很不轻松。一方面限于个人学术水平，另一方面，那些旧框框左一层、右一层，四面拦住，既想冲破它，又似乎舍不得丢干净，其结果就可想而知了。而我之决定把它拿出来，首先是希望大家批判，从而使问题可以找到正确的、深入解决的途径；其次是因为我的探索是在实测结果上进行的，如果我的论断是错误的，那实测数字和一切现象仍然是客观事实，也仍然是一份经过分析整理的资料，可供同志们应用。

至于下篇第三节“寺、塔原状”，则是主观推测较多。这些推测绝不是定论，只能作为解决这些问题的一些线索。最后解决，是要以发掘的结果或新的物证为依据的。

最后提出几条与古代建筑发展史有关的问题，借以说明释迦塔在中国建筑史上的重要意义和价值。这也只是个人的看法，是否正确，希望读者予以指正。

上篇　调查记

壹　佛宫寺概况

佛宫寺在山西省雁北专区应县城内。[①]

应县是个小城，东西 860 米，南北 700 米，有东、西、南三个城门，主要干道是通向各城门的十字路。城内大多是一层平房，连近年来新盖的楼房，也少有超过 10 米高的。旧有的城墙，现在只存土墙，看来旧时也不过 10 多米高，估计连原来的城楼在内也不会超过 20 米。所以，矗立在佛宫寺内、高达 67.31 米的释迦塔，便成了突出于全城建筑之上的主要建筑物［图版 1、2］。它的外形轮廓、结构手法，处处显示出辽代建筑的特点，是现存辽代建筑中形体最宏伟的杰作。

自大同市至应县约 85 公里，乘长途公共汽车向南略偏西行驶，大致与同蒲铁路平行，直到怀仁镇后，才离开铁路向东南方向行驶。天气晴朗的时候，离县城 30 公里左右，便可望见一个粗壮的塔影，耸立在远处的山脚下。距离愈近，轮廓愈见明显。车从城外西北角绕进西关，它的浑厚外形，层层舒展的屋檐和苍老的色泽，有力地吸引着乘客的视线。

西大街中段路北，立着一座木牌坊，就是佛宫寺的入口［实测图 1，图版 3］。但是这个入口并不在寺的南北中轴线上，而是偏东 2 米多。牌坊三楼四柱悬山顶，斗栱是山西常见的清代做法。明间横额上刻着“浮图宝刹”四字，上下并刻有“同治二年”阖郡人等重修及题名。横额之上又有一块立匾题“佛宫寺”三字。过了牌坊，是一条

[①] 应县自 1993 年 8 月起划归山西省朔州市管辖。

颇为宽阔的短街，长约 107 米，向北直抵佛宫寺山门。门前又有一条东西街，西抵城西墙，东至寺东的大空场。

山门前铁狮一对，据座上款识，铸于明万历二十二年（公元 1594 年），铸工也还精致，只是下面的砖座砌得很草率，不大相称［图版 4］。山门现只存基址和天王像泥胎，从础石得知原来是面阔五间、进深两间［图版 146、160］[①]。山门左右各有砖砌小门楼，是山门未毁时出入的便门。

山门之内东西钟鼓楼对峙［图版 5］，相距 29 米，形式完全一样。下层面阔三间方 6 米，外檐是一周窄窄的廊子，内檐是相当厚的砖墙，只在向院子方向开一小门，里面本来有砖砌踏道通向上层，早已毁坏。上层面阔一间歇山顶，斗栱四铺作出一下昂，也显然是清代式样。可是它在泥道栱和昂下都用了一个实拍替木，如同释迦塔第五层斗栱的做法。不知道这是受了塔的影响，或是此种做法在山西一带一直流传着。鼓楼的鼓早已不存在了，钟楼里还有一口明代天启二年（公元 1622 年）铸的铁钟。

钟鼓楼北面 10 余米东西相对各有配殿三间［图版 6］，前檐廊硬山顶。西配殿北面有五间平顶房。东配殿南面有一块面阔三间的废屋址，北面是近年来保管所新建的瓦房。

塔前的建筑就尽于此。总计寺的前部宽 44.80 米，自山门后檐柱中至塔副阶前檐柱中 55.50 米。自山门两侧转北与钟鼓楼、配殿等相接，筑有垣墙。东墙外有几间朝南的硬山房，西墙外有两个四合院，都像寺院中建筑物的样子，是否原属寺内建筑，现已无从查考其历史了。自配殿以北均无垣墙，寺后部东、北两面及西北面都是很大的空场，前部垣墙实际只是形式，并无作用。

全寺中部即释迦塔。由于山门已坍毁，过了街口的牌坊，释迦塔巨大稳重的全景就暴露在眼前［图版 14］。塔南向偏西两度，平面八角形。第一层副阶周匝，所以立面是重檐，以上各层均为单檐，全塔共有六檐。二至五层每一层下都有平坐，这平坐在塔内形成暗层，所以在结构上，也可说全塔是九层。这样巍峨高大的建筑物，不仅在

[①] 中国营造学社于 1933、1935 年考察应县时，此清代所建山门尚存。参阅：《梁思成全集》（第十卷），中国建筑工业出版社，2007。

现存古代建筑中是鲜见的，就是在现代建筑中也不能算是很低的了。由塔下向上望，由于有探出塔身之外的平坐，塔身的格子门不太显著，突出的是一层斗栱屋面，又一层斗栱钩阑，层累而上。尤其离近塔身时向上望去，斗栱便成了全塔最触目的部分，似乎在外观上、结构上都是重要的部分，给人的印象很深刻。柱、方、斗栱等原来刷过土红色，还隐约可见。屋面青瓦也因年老，蒙上了一层薄薄黄土，色调苍老［图版13］。壮丽的外观，与各个部分适度的权衡，更体现了实用、结构、艺术的巧妙结合。当人们在塔内外仔细观察一遍之后，不禁为那复杂精心的构造而赞叹古代匠师的智慧和技巧。

塔建立在一个分为上下两层的石砌阶基上。下层南月台前嵌砌着一块石雕的八卦图，上层南月台前嵌砌着两块康熙六十一年（公元1722年）重修碑记。台上东有天顺八年（公元1464年）铸的铁鼎，西有万历七年（公元1579年）铸的铁幢。南面副阶内，东西各排列两通重修碑记［图版19、20、31］，墙上也嵌砌着登塔诗等石刻。

走进一层南门，首先看到的是内槽门内一座高约11米的大塑像［图版32、41］。塔内光线十分不足，仅打开门扇时透进的光线，正好照在塑像的胸部，由于塑像的脸、胸、手都涂成金色，在反光的映照下，轮廓清楚可辨。比例狭高的内部空间，漆黑的背景，增强了塑像的巨大感觉。看过塑像，习惯了塔内的暗淡光线，回过身来，才看到南门两侧和内槽门侧的壁画。

南门两侧画的是二金刚［图版33、34］，这两幅画各被门扇掩蔽了半幅，关上门光线太暗看不清楚，只好替换着打开一扇门看一幅。从画上破损处看出画共有三重，但各重都相同。大概这画原有底本，每当年久剥损时，即重新粉一层灰皮，再按底本画一次，以至三层均相同。内槽门两侧画二天王，其上是二弟子［图版43～46］。这两壁似乎原只画二弟子，后来增画二天王，所以天王像将弟子像的下半掩盖了，但从画的风格看，年代不会相差很久。在内槽门内东面紧靠立颊的墙皮上，刻画着一些游人题记，其中有嘉靖三十二年（公元1553年）、隆庆元年（公元1567年）等年号，看来壁画最早也就是明代初期的作品。其次才注意到内槽门额照壁版上的壁画［图版42］。照壁版用桯、贴分成三块，每块上画一女供养像，桯、贴上画铺地卷成华，颜色都很鲜艳，从风格看似较上述各画略早一些。这时再走进内槽，才看见塑像顶上那华丽的藻井［图版 58］和六个壁面上画的六如来像［图版 56］，但其风格、笔触在现存诸画中，水平最低。

一层内外墙之间是一条走道（即外槽），光线更加昏暗，两侧墙面都是未加粉刷的土墼墙，其上部仅南、东南、西南三面和副阶南门内一间尚存平棊［图版 36］。西南面架设通往上层的楼梯［图版 35］，梯旁有半截残经幢。顺着走道转至北面，也有内外两门，通过内门看到大塑像的背面，门额照壁版上、门两侧，和南面一样也有壁画。照壁版上画三个男供养像［图版 53］，风格与南面的相同，颜色不如南面鲜艳，两相对照，显然可以看出南面三幅是经过重描上色的。所以这三幅画，应是塔内现存最早的壁画，很可能还是辽代的原作。门两侧左右各画二天王［图版 47～52、54、55］，与南门内金刚像等同一风格，当是同时所画。

第一层共高 11.30 米，所以楼梯分两盘，其他各层每层都是一盘。

第二层至第五层［图版 68、69、88、89、108、109、125］，各层内槽柱间安叉子，其内设坛座塑像。第二层坛座方形，上为一佛四菩萨［图版 74～79］。第三层坛座八角形，做得很精致，上设四方佛［图版 96～101］。第四层坛座方形，上设一佛、二菩萨、二弟子。菩萨一骑象、一骑狮子，原有象奴和二弟子中的伽叶像已不知何时毁坏了［图版 113～121］。第五层坛座也是方形，上设一佛八大菩萨［图版 130～139］。这些塑像累经后代妆銮，已经失去了本来面貌，对于古代艺术遗产也算是个小小损失。唯其中第一层大佛像及佛座各角的力神、第四层两个菩萨的坐骑和普贤像保存较好，还可以看出辽代塑像的原意。

一层以上各层塔身的光线十分充足，与第一层内微弱光线成强烈的对比。走出格子门从平坐上凭栏远眺，每上一层景色境界为之一变，使人眼界辽阔，心胸开畅。

第二、三、四层内外槽均无平棊藻井。第五层外槽也没有平棊，内槽装有平棊藻井［图版 129］。各层外槽和外檐悬挂牌匾甚多，乳栿下多钉着记录修理的木牌，各正面门外又钉有一副木对联。第五层平棊之上在藻井上面装有铁链条，可赖以攀登到平梁之上，再上至西南面屋脊间的一个小门，出至顶层屋面。在塔刹上也垂下一根铁链，可攀登到刹座上［图版 140］，大概都是为修理检查而设置的。

紧接塔后是一座大砖台，释迦塔北面下层阶基月台上有一道高高的甬道与之相连

［图版 10、12］。砖台南紧接甬道建砖门楼一座，横额上题“第一景”，旁有“雍正四年建”（公元 1726 年）等字，大致就是建砖门的一年。1933 年时，进了砖门还有一座三间木牌坊，已毁于抗日战争时期，不知是否即洪武年间（ 公元 1368—1398 年）所建的“梵王坊”（见附录五・3）［图版 147］。

砖台宽 60.41 米，深 41.61 米，高 3.3 米，略有收分。台上四周筑矮墙，正中为金大定四年（公元 1164 年）立石幢［图版 7］。靠北有大殿七间、东西朵殿各三间。大殿前东西配殿各三间。配殿之南，东西各有小方亭一座，都是清代末期的建筑形式。台南侧靠东有四间仓房，是新建的［图版 9］。砖台北面靠西有一座慢道通至寺后，慢道尽端置石狮一对［图版 8、11］，雕刻颇为古拙，寺后部建筑即尽于此。自此往北 160 米，即抵城北墙。

贰　释迦塔建筑实录

一、阶基［实测图 3～5，图版 19、20］

阶基分两层，下层是不规则的方形，各面宽度是南 39.50 米、北 41.87 米、东 41.06 米、西 40.15 米，高 1.66 米（连反水在内，以下高度均同）。四面各出月台，南宽 15.30 米、深 6.11 米，北宽 14.19 米、深 5.32 米，东宽 13.74 米、深 4.00 米，西宽 12.96 米、深 5.08 米。阶基下周围地面四向倾斜坡度不一，所以各面月台外缘高度也不一致，南月台最高，计 2.02 米。而下层阶基总高如据南月台高计算，连反水在内为 2.30 米。北面甬道宽 4.14 米，长 10.44 米，南端高出北月台 0.23 米，北端又较南端高 0.82 米。紧贴着南月台两侧东西各有踏道一座，北上至上层阶基。北面月台两侧，原来各有东西向的慢道，现已毁坏，只存土埂。

上层阶基八角形，直径 35.47 米，高 2.10 米。东、西、南三面各有月台一座，东宽 7.66 米、深 5.31 米，西宽 7.45 米、深 5.72 米，南宽 9.37 米、深 6.67 米。月台两侧也各有踏道一座。

阶基杂用条石、块石平砌，条石较多但规格很不一致。阶头压阑石也大小不一，无角柱石。地面用块石、城砖和小砖拼凑铺砌，很不整齐［图版 27］。下层阶基西南角及南月台两角、上层阶基及月台各角均有角石，计共存角石十七块，上雕起突狮子［图版 21～24］，均为辽代原物。角石一般方 63 至 58 厘米，有几个较小，方 53 厘米，最小的一个只有 42 厘米，而以上层阶基南面二角石最大，长约 75 厘米，上面所雕狮子也起突特高［图版 22］。

二、平面［实测图 4～15］

实测各层平面尺寸如下表[①]： （单位：厘米）

	外檐柱间				内槽柱间		平坐宽
	直径	通面阔	明间面阔	次间面阔	直径	面阔	
副阶柱脚	3027	1253	447	403			
副阶柱头	3000	1250	444	403			
一层柱脚	2369	983	447	268	1350	558	
一层柱头	2336	968	442	263	1294	536	
二层平坐柱脚	2270	942	442	260	1294	536	
二层平坐柱头	2244	931	421	255	1294	536	
二层柱脚	2244	931	421	255	1294	536	121
二层柱头	2234	927	417	255	1283	531	
三层平坐柱脚	2170	901	417	242	1283	531	
三层平坐柱头	2156	894	384	255	1250	517	
三层柱脚	2156	894	384	255	1250	517	120
三层柱头	2130	883	381	251	1242	514	
四层平坐柱脚	2054	850	380	235	1242	514	
四层平坐柱头	2044	847	377	235	1228	509	
四层柱脚	2044	847	377	235	1228	509	124
四层柱头	2040	842	376	233	1228	509	

① 本文中列表甚多，有一点需要说明。按现在的学术规范，列表之第一行第一栏须填写栏目名称，而作者写作此文时尚无这一规范要求。因此，本文各表之表头有些填写了栏目名称，有些则为空白。今整理者为保存历史原貌，未便补阙。特此说明。

续表

	外檐柱间				内槽柱间		平坐宽
	直径	通面阔	明间面阔	次间面阔	直径	面阔	
五层平坐柱脚	1946	810	370	220	1164	482	
五层平坐柱头	1934	802	368	217	1164	482	
五层柱脚	1934	802	368	217	1164	482	127
五层柱头	1922	798	364	217	1158	480	

第一层平面用柱三周，最外副阶柱每面三间，次为檐柱，亦每面三间，次为内槽柱，每面一间。内槽南北二面装门，今存立颊、地栿、门额及额上照壁版，北门于两立颊间装叉子，南门原系叉子或版门已无迹可寻。其他六面筑墙，厚 2.86 米，内槽净空直径 10.25 米。外檐柱间，正北面作版门，六面筑墙，厚 2.60 米。墙至南面明间转向南筑至副阶柱，南门装于副阶柱明间［图版 31］，这样就使塔内南面多了一间面积。内外墙间走道净宽 2.38 米。墙外皮至副阶柱中 2.17 米，副阶柱中至阶头 2.60 米。副阶内是一个颇为宽阔的廊子，可循以绕塔一周［图版 27］。

第二层至第五层，除了楼梯方位不同外，基本是相同的布局。每层用柱两周，外檐每面三间，明间用格子门四扇、次间两扇，唯四个斜面每面明间加用心柱一条。塔身外在平坐铺作上铺地面版，外缘立钩阑［图版 67、85、124］。第二、三、四层内槽，每面用槫柱分为三间。第五层南面也用槫柱分为三间，其他各面则用心柱分作两间。槫柱间均安装叉子［图版 68、69、88、89、108、109、125、128］，内槽当中安坛座，上设塑像。

各层平坐也是用内外柱两周，外周每面三间，内周每面一间，平坐内只在上下两楼梯之间铺地面版，并于两侧装版壁［图版 65、84］。

各层外檐柱均有侧脚，柱脚叉立在平坐柱头铺作或转角铺作上。各层平坐柱均向内退缩，不在下层柱头缝上，所以平坐柱脚系叉立于草乳栿上。内槽柱自第一层直至第四层，虽各层侧脚不同，但都是于柱头缝上接续而上。直至第五层平坐才离开下层柱头缝，向内退缩，而叉立于各角草乳栿尾上。

第一层内槽及各层平坐内槽柱，均于内外两侧补加了一条柱子，顶立于第一跳华栱下。其他各层，除副阶及第五层外檐柱外，所有外檐及内槽柱均于内侧补加柱子一条，也是顶立于第一跳华栱下。这些补加的柱子，在第一层是圆柱，直径约 35 厘米；在平坐内多是方柱，也有少数圆柱；其他各层都是方柱，断面 38 厘米 ×28 厘米左右，抹去四角。

三、柱额

全塔柱子均用圆形直柱，仅柱头卷杀。副阶柱础与地面平，素平无雕饰，方 75～88 厘米不等，也不十分方正。第一层柱脚在墙内，柱础情况不明，以上各层柱均骑于下层铺作或草乳栿上，不用柱础。塔身柱脚用地栿，柱头用阑额、普拍方。平坐柱无地栿，仅柱头用阑额、普拍方。柱径大小不一：副阶柱径 54～58 厘米；一层柱全部在墙内，无从测得；二层柱 57～64 厘米，有一柱特小，只 54 厘米；三层柱 55～60 厘米；四层柱 51～63 厘米；五层柱 48～56 厘米。似是以两材至两材一絜（51～63 厘米）为标准，而尽所用材料伸缩之。普拍方 32 厘米 ×17 厘米，以厚为广，阑额 36 厘米 ×17 厘米，均约为一足材。而各层外檐普拍方及阑额，三间并用通长整料做成。阑额不出头，普拍方出头长短不一。

第一、五层及各层平坐，内外柱脚均在同一水平面上。副阶及第二、三、四层外槽地面，有显著反水，所以副阶柱脚较一层柱脚低约 7 厘米，第二、三、四层外檐柱脚较内槽柱脚分别低 6、5、7 厘米。第一、二、三层内槽柱头均较外檐柱头高一足材，第四层柱头内外同高，第五层内槽柱头较外檐柱头高 13 厘米（即一替木高）。平坐第二、三、四层内槽柱头均高于外檐柱头，第五层柱头内外同高。各层柱高及侧脚数如下：

	外檐柱			内槽柱		
	高（厘米）	侧脚（厘米）	侧脚合柱高（%）	高（厘米）	侧脚（厘米）	侧脚合柱高（%）
副阶	420	13.5	3.2			
第一层	868	16.5	1.9	905	28	3.1
第二层平坐	163	13	8.0	174	0	0
第二层	286	5	1.7	315	5.5	1.7

续表

	外檐柱			内槽柱		
	高（厘米）	侧脚（厘米）	侧脚合柱高（%）	高（厘米）	侧脚（厘米）	侧脚合柱高（%）
第三层平坐	165	7	4.2	208	16.5	8.0
第三层	284	13	4.6	316	4	1.3
第四层平坐	162	5	3.1	173	7	4.0
第四层	283	2	0.7	276	0	0
第五层平坐	135	6	4.4	135	0	0
第五层	273	6	2.2	286	3	1.0

注：表中塔身柱高均自地面（或楼板下皮）至普拍方下皮，平坐柱高均自草乳栿上皮至普拍方下皮。

副阶角柱高 426 厘米，较平柱生起 6 厘米，其他各层内外均无生起。

四、材、栔及斗栱

1. 材、栔

各层所用材栔大小不一，即在同一层中也参差不齐（详下表），其中使用最多的是 25.5 厘米 ×17 厘米，可能是个标准尺寸。在实际使用时，凡出跳华栱的厚度均保持不小于 17 厘米，跳上横栱及方子厚多小于 17 厘米。栔高自 11 至 13 厘米，以 11 厘米最多。所以足材应为 36.5 厘米。凡铺作出跳华栱及下昂均用足材，其他栱方多用单材。凡遇栱方高度不齐时即增减栔高以适应所产生的差距（亦即增减散斗平欹）。似因材料规格自身有差异，在具体施工时则量材施用，以较大材料用于重要位置，较小材料用于次要位置，而不拘于既定规格。

材		材		材	
广（厘米）	厚（厘米）	广（厘米）	厚（厘米）	广（厘米）	厚（厘米）
27	18	25.5	17	24.5	19
26.5	16.5	25.5	16.5	24.5	17
26.5	16	25.5	15.5	24	16
26	17.5	25	17.5		
26	17	25	16.5		

2. 用铺作数

全塔六檐四平坐，所用铺作互有异同。各檐外檐柱头铺作：副阶用五铺作，内外各出双抄；第一、二层檐，外转七铺作出双抄双下昂，里转五铺作出双抄；第三层外转六铺作出三抄，里转五铺作出双抄；第四层外转五铺作出双抄，里转四铺作出单抄；第五层内外均四铺作出单抄，但在华栱之下加一替木，华栱实际长两跳。补间铺作里转，各层补间铺作里转均五铺作出双抄。

内槽各层铺作数均同，外转（向塔心的一面）均七铺作出四抄，柱头铺作里转（向外槽的一面）四铺作出单抄。补间铺作里转均为五铺作出双抄。

平坐铺作：外檐外转自第二至第四层均六铺作出三抄；第五层五铺作出双抄，但其上铺版方仍延伸一跳，并在第三跳缝上用素方，以保持平坐挑出的宽度。平坐内槽只用阑额普拍方，并无栌斗，外檐铺作里转及内槽铺作出跳缝、柱头缝上，并以方木叠垒，跳上亦不用栱方。

各层出跳长度如下表：

	各层铺作出跳数（厘米）							
	外跳					里跳		
	一	二	三	四	总计	一	二	总计
副阶	50	35			85	49	35.5	84.5
一层外檐	50	35	45.5	49	179.5	50	35	85
一层内槽	48	37	44	44	173	45	38	83
二层外檐	50	33	47	50	180	45.5	42	87.5
二层内槽	45.5	39.5	38	45	168	46	39	85
三层外檐	50	28	40		118	48.5	36	84.5
三层内槽	50.5	32.5	36	34	153	50	35	85
四层外檐	48	33			81	50	33	83
四层内槽	49.5	34.5	36.5	34.5	155	47	37	84
五层外檐	41	33			74	37.5	33.5	71
五层内槽	50.5	36	35.5	42.5	164.5	51	35	86
二层平坐	52.5	31	37		120.5			

续表

	各层铺作出跳数（厘米）							
	外跳					里跳		
	一	二	三	四	总计	一	二	总计
三层平坐	45.5	35	39.5		120			
四层平坐	46	37	41		124			
五层平坐	49	35	43		127			

各层外檐铺作柱头缝，均用泥道令栱，上承柱头方，方上相间隐出瓜子栱、慢栱。内檐及平坐外檐铺作，柱头缝上全部用柱头方，方上亦隐出瓜子栱、慢栱。塔身内、外补间铺作及第二层平坐外檐补间铺作，均于栌斗或直斗下用驼峰。全塔瓜子栱三瓣卷杀，令栱五或四瓣卷杀，其他各栱均四瓣卷杀。其铺作所用栱斗尺寸如下表：

	铺作用栱斗等尺寸（厘米）									
	长	厚	高		面方	底方	高	耳	平	欹
驼峰	116	17	15	角栌斗	62	47	32	12	7	13
直斗	32	29	37	柱头栌斗	52	37	32	12	7	13
	29	25		补间栌斗	42	29	27	9	7	11
泥道令栱	116	17	25.5	散斗	30×28	21×19	26	8.5	6.5	
	100						19.5	8.5	3	8
瓜子栱	116	17	25.5	交互斗	30	21	19.5	8.5	3	8
	104			齐心斗	30	21	19.5	8.5	3	8
令栱	104	17	25.5							
	102									
慢栱	196	17	25.5							
	190									
	186									
	184									
替木	182	17	12							
	104		13							

续表

	铺作用栱斗等尺寸（厘米）									
	长	厚	高		面方	底方	高	耳	平	欹
五层实拍替木	96	17	13							
翼形栱	94	17	25.5							
	92									
耍头	38	17	25.5							

3. 各层铺作详细做法

（1）副阶铺作［实测图 20，图版 25、26、29、30］

柱头铺作　内外均出双抄，下一抄偷心、单栱造。里转第二跳上令栱与乳栿相交，上承平棊方。外转第二跳上令栱与批竹耍头相交，上承替木、橑檐方。替木与当心补间铺作连隐。柱头缝上令栱上用素方三重，方上相间隐出瓜子栱、慢栱。其上又施替木、承椽方。

明间补间铺作　栌斗下用驼峰，单栱计心造，内外各出双抄。外转第二跳上令栱与翼形耍头相交，里转第二跳上用翼形栱。又自斗口上第三材心斜出 45°华栱两缝，过第一跳令栱头上，外承替木，里承平棊方。

次间补间铺作　驼峰上用直斗，将栌斗抬高一足材，里外各出双抄、偷心造。外第一抄上用翼形栱，第二抄承替木。替木与转角铺作连隐。里转第二跳承平棊方。

转角铺作　外转出角华栱三跳，第二跳华栱上连隐令栱与小栱头相列。柱头方过角出华栱两跳，上施连隐令栱与批竹耍头相交，承替木、橑檐方。替木与次间补间铺作连隐。里转第二跳角华栱上令栱与翼形栱相列，上承平棊方。

（2）一层铺作［实测图 21～23，图版 36、37、39、40、57］

外檐柱头铺作　外转出双抄双下昂，第一、三跳偷心。第一跳华栱头方直无卷杀。第二跳上用重栱素方，方上又施替木承牛脊槫。慢栱与转角铺作连栱交隐。第四跳上令栱与方直耍头相交，承替木、橑檐方。替木与转角铺作连隐。里转出双抄，第二跳华栱上重栱与乳栿相交，承平棊方，慢栱与转角铺作相连为素方。乳栿上又坐华栱头，上承算桯方，方上间一栔用草乳栿，压于下昂尾上。柱头缝上共享泥道令栱一重，柱头方五重，方上相间隐出瓜子栱、慢栱。

外檐转角铺作　外转出角华栱两跳、角下昂三跳。自次角泥道令栱、柱头方过角斜出华栱四跳，在第二跳上又正出华栱两跳，上一跳均直承替木无令栱。第二跳上重栱、瓜子栱过角与小栱头相列，小栱头上出翼形耍头。慢栱一端与柱头铺作交隐，一端过角与翼形耍头相列。第四跳角昂上令栱与小栱头相列。里转出角华栱两跳，上承角乳栿，栿背上用骑栿素方与柱头铺作慢栱连隐。其他各项与柱头铺作同。

内槽转角铺作　外转出角华栱四跳，第一、三跳偷心，第二跳上用重栱素方。重栱过角与素方相列，方上隐出鸳鸯交手栱，至柱头缝鼓卯。第四跳栱头上承平棊方及藻井阳马。柱头缝自栌斗口上共用柱头方五重，第一重隐出泥道栱，栱头上坐交互斗承乳栿尾。里转出角华栱一跳，上承角乳栿。自柱头方过角各斜出华栱一跳，上承明间乳栿，乳栿背上又于第二跳位置坐骑栿栱与华栱头相交，承平棊方、算桯方。于是，外檐角乳栿及两柱头乳栿至内槽均交于转角铺作之上，为全塔各层一致采用的结合方式。

外檐补间铺作　用驼峰、直斗将栌斗抬高一足材。外转出双抄双下昂，第一、三跳偷心，第二跳华栱头上用令栱，第四跳下昂头上用替木。里转出华栱两跳，第一跳偷心，第二跳上用令栱承平棊方。

内槽补间铺作　外转出四跳，第一、三跳偷心，第二跳上用重栱素方，第四跳直承平棊方。里转出华栱两跳，第一跳偷心，第二跳上用令栱承平棊方。如是，外檐斗栱和内槽斗栱的里跳在外槽两侧相对，大致成对称形式。虽然外侧柱头铺作比内侧转角铺作多一跳（因内槽柱一般较外檐柱高一足材），但差别并不显著。

（3）二层铺作［实测图 24、25，图版 63、64、66、67、70～73］

外檐柱头铺作　出双抄双下昂，第一、三跳偷心、重栱造，大致与一层柱头铺作同。唯外转第二跳上不用牛脊槫，衬方头引出替木外作翼形耍头。里转第二跳上承乳栿，栿背上用骑栿令栱与华栱头相交，承平棊方及算桯方。

外檐转角铺作　因第二层次间面阔较第一层小，故外转泥道栱及柱头方过角只斜出华栱两跳。第二跳跳头上又正出下昂两跳，第四跳昂上用翼形栱与翼形耍头相交，承替木、橑檐方。里转昂尾下亦自第二层柱头方出华栱两跳，上承平棊方。其他均与第一层同。

内槽转角铺作　外转出四抄，第二跳角华栱上瓜子栱与小栱头相列，其上慢栱与素方相列。其他亦与第一层同。

外檐补间铺作　五铺作下一跳偷心，单栱造，用驼峰直斗将栌斗提高一足材。自栌斗口斜出60°斜华栱两缝各两跳，第二跳跳头上用令栱连栱交隐，上承罗汉方，当心出耍头与罗汉方相交。里转除无耍头外，均同外跳。

内槽补间铺作　外转出四抄，第一、三跳偷心，第二跳华栱头上用翼形栱、瓜子栱，上承素方。里转出华栱两跳，第一跳上用翼形栱，第二跳上用令栱承平棊方。余与一层同。

（4）三层铺作［实测图26、27，图版80、81、85～87、90～95］

外檐柱头铺作　外转六铺作出三抄，下一抄偷心，单栱造。栌斗口上用泥道令栱一重、柱头方五重。第二跳上用令栱、素方，方于柱头与转角间刻作连栱。第三跳上令栱与批竹耍头相交承替木，替木与转角铺作连隐，上承橑檐方。里转出华栱两跳，第一跳偷心，第二跳上令栱与乳栿相交，上承罗汉方一重、平棊方一重。

外檐转角铺作　外转出角华栱四跳，泥道令栱及柱头方过角斜出华栱三跳，第二跳上令栱与华栱头相列，其上罗汉方与批竹耍头相列。第三跳华栱上翼形栱与批竹耍头相交，并过角与小栱头相列。里转第二跳角华栱上令栱与翼形栱相列，并与角乳栿相交。余与第二层同。

内槽转角铺作　外转出角华栱四跳，第一、三跳偷心，第二跳上瓜子栱与翼形栱相列，慢栱与补间铺作连栱交隐，并过角与素方相列。里转与二层同。

外檐四正面补间铺作　外转出华栱三跳，里转出华栱两跳。外转第一跳上用翼形栱，第二跳上用令栱。第三跳上令栱与批竹耍头相交，上承替木、橑檐方。里转第一跳上用翼形栱，第二跳上令栱与翼形耍头相交，上承平棊方。又自第一层柱头方心内外各斜出45°斜华栱两缝，各两跳，上承罗汉方。

外檐四斜面补间铺作　出跳数与上同，计心单栱造。内外第一跳华栱头上用令栱，上承自心出45°斜华栱一跳。余与上同。

内槽四正面补间铺作　里外转均自栌斗心出60°斜华栱两缝各两跳，下一跳偷心。

外转第二跳上重栱。慢栱与转角铺作连栱交隐，并与翼形耍头相交，上承平綦方。里转第二跳上令栱承平綦方。

内槽四斜面补间铺作　外转正出华栱四跳，第一、三跳偷心，第四跳上承平綦方。里转正出华栱两跳。又自栌斗心里外各出45°斜华栱两缝各两跳，在第二跳头上横用两出批竹耍头一只，上用散斗，里承平綦方，外承罗汉方两重。

（5）四层铺作［实测图28、29，图版102、103、107、110～112］

外檐柱头铺作　外转五铺作出双抄，计心重栱造，令栱与批竹耍头相交，上用替木承橑檐方，替木与转角铺作连隐。里转出华栱一跳承乳栿，栿背上于第二跳位置用骑栿令栱承平綦方。栌斗口上共用五材四栔。

外檐转角铺作　外转出角华栱三跳，泥道令栱及柱头方过角斜出华栱两跳，计心造。第一跳上瓜子栱上用翼形栱，瓜子栱、翼形栱各至角鼓卯。第二跳上令栱与小栱头相列。里转出角华栱一跳，乳栿上骑栿栱与翼形栱相列。

内槽转角铺作　外转出四抄，第一、三跳偷心，第二跳单栱造，令栱与翼形栱相列，其上素方与小栱头相列，承上一层素方。第四跳华栱承平綦方。里转与第三层同。

外檐补间铺作　五铺作内外各出华栱两跳，外转重栱计心造。里转偷心造，第二跳华栱上令栱与翼形耍头相交承平綦方。

内槽补间铺作　外转出华栱四跳，第二跳上用令栱承素方两重，第四跳承平綦方。里转出华栱两跳，第一跳上用翼形栱，第二跳上用令栱与翼形耍头相交承平綦方。

（6）五层铺作［实测图30、31，图版102、124、126、127、129］

外檐柱头铺作　里外各出一替木一华栱。外转跳上令栱与批竹耍头相交，承替木、橑檐方，替木与转角铺作连隐。里转重栱造，瓜子栱与乳栿相交，慢栱骑栿与转角铺作连栱交隐。柱头缝上用替木、慢栱及柱头方两重、承椽方一重。

外檐转角铺作　外转出替木及角华栱两跳，泥道慢栱过角斜出华栱一跳，跳上令栱与小栱头相列。里转瓜子栱与翼形栱相列，慢栱与柱头铺作连栱交隐。

内槽转角铺作　位于东西四角的，外转出角华栱四跳，上承平綦方。在南北四角的，出角华栱三跳，上承六椽栿。第二跳上均用华栱承素方两重。里转与第四层同。

外檐补间铺作　里外各自栌斗耳上出华栱两跳，第一跳上均用翼形栱。外转第二跳上用替木承榛檐方，里转第二跳上用令栱承平棊方。

内槽补间铺作　外转出华栱四跳，第一跳上用翼形栱，第二跳上用令栱上承素方两重，第四跳承平棊方。里转与第四层同。

（7）第二、三、四层平坐外檐铺作［实测图 32、33，图版 63、64、80、81］

柱头铺作　外转六铺作出三抄。第一跳上用重栱（第二层平坐慢栱与转角连栱交隐），第二跳上用令栱，第三跳上素方与出头木相交。栌斗口上共享四材三栔。里转均为方木叠垒，材上加栔，并不卷杀，不用横栱、散斗，长短亦不一律。第二跳华栱（第四层为第三跳）延伸为素方与内槽铺作相连。第三跳上出头木延伸为铺版方。

补间铺作　共有三种，第二层及第三层四个斜面上的，外转与柱头铺作相同。里转仅铺版方与内槽铺作相连。第三层及第四层四个正面外转第一跳上用瓜子栱，又自栌斗心上第三材斜出 45° 华栱两缝，各长两跳，坐于下跳瓜子栱上。第二、三跳及里转均与上同。第四层四个斜面上外转第一跳上用翼形栱，又自栌斗心上第二材斜出 45° 华栱两缝，各两跳。第二、三跳及里转亦与上同。

转角铺作　外转出角华栱三跳，柱头方过角斜出华栱三跳。第一跳上用重栱，均至角鼓卯，第二跳上令栱与华栱头相列。里转做法均与柱头铺作同。

（8）第五层平坐外檐铺作［实测图 32、33，图版 102、103］

柱头及补间铺作　均出华栱两跳，但其上出头木仍加长一跳，与第三缝素方相交。第一跳华栱上用令栱承素方，第二跳华栱头承素方。里转也用方木叠垒。柱头铺作第二跳用足材，并其上铺版方，均与内槽铺作相连。补间铺作仅铺版方与内槽相连。

转角铺作　外转出角华栱两跳，柱头方过角亦各斜出华栱两跳，第一跳上令栱至角鼓卯。里转角华栱与柱头做法相同。

（9）各层平坐内槽铺作［图版 82、83、104、105、122］

均于普拍方上垒柱头方及出跳方，实拍叠垒不用栌斗、散斗，亦不用横栱。所用木材均厚一材，但高度、长短均不一致。内槽铺作里转与外檐铺作里转相对，做法相同，外转做法则略有不同：

南北两面四个转角铺作，上承六椽栿，与各铺版方相交，承地面版。

东西两面四个转角铺作及两个补间铺作，跳上出铺版方，与六椽栿相交。

南北两面两个补间铺作，跳上各出铺版方，又自心左右各承递角栿。各层递角栿或在普拍方上，或在柱头第一材或第二材上。栿上又用方木敦桥以承六椽栿。

四个斜面上四补间铺作，跳上亦各出铺版方与六椽栿相交，并自心一侧承受南面（或北面）递角栿尾。

五、梁架、出檐及举折［实测图 16、17］

副阶梁栿做法，于柱头铺作上用乳栿加缴背。乳栿首出跳作要头，栿尾至一层檐柱鼓卯，其上立蜀柱、叉手，安承椽方［图版 28］。

一至四层梁栿做法相同。外槽柱头铺作上用乳栿、草乳栿，各层大小不一。乳栿高 47～51 厘米，草乳栿高 44～48 厘米，大致合一材两栔至两材［图版 70、71、90、91、110、126］。二至五层平坐，外槽内只用单材或足材方，以拘前后铺作。内槽南北转角铺作上与外槽乳栿相对用六椽栿，用于二、三层平坐者 65 厘米 ×40 厘米，四层平坐者 60 厘米 ×32 厘米，五层平坐者 52 厘米 ×30 厘米，即约合两材至两材一栔。六椽栿两端之下，又各用递角栿一条承托。递角栿一头在南（或北）面补间铺作上，一头在相邻的斜面补间铺作上。两六椽栿之间东西向用足材铺版方三缝，当中又南北向用单材铺版方一缝。其他内槽铺作上铺版方，均与六椽栿或足材方相交［图版 82、83、105］。

在平坐外槽每面两侧又各加一条承重方，与草乳栿成直角相交，方上当中立柱叉于补间铺作跳头下，又自中间向两侧立斜撑，枝樘于柱头铺作跳头下。各明间草乳栿上亦立斜撑，首向外枝樘于外檐柱头铺作里跳跳头下。各角草乳栿上各立斜撑两条，分别向内、外枝樘于转角铺作跳头下。各平坐内槽于下层柱头方上，亦各加立柱三条，二条靠近角柱，一条在当心，均叉于阑额之下，第二、三层并再自当心立斜撑两条，分别叉于两角阑额下［图版 104、106、122、123］。以上所述柱方与其他结构构件所用材份及加工方式，均不相同，显然是在塔建成之后再补加上去的。

第五层屋顶梁架自檐柱中至脊方共分四架，自下至上各架平长 1.91 米、2.02 米、2.13 米、2.23 米，即每架皆较下一架增长 10 厘米左右。自下至上，第一缝于草乳栿上，用方木敦桥承承椽方。内槽于南北转角铺作第三跳上用六椽栿，其上又用六椽草栿，均 60 厘米 ×34 厘米，约合两材一栔。栿上用方木敦桥架四椽栿，56 厘米 ×30 厘米，约合两材二份。南北两面第二缝承椽方，即架于六椽草栿上，其他各面在内槽铺作柱头缝上用方木敦桥，但其中心向内偏离柱头中约一材厚。第三缝南北两面承椽方在四椽栿上，其他各面在递角栿上。递角栿共四条，各条一头在六椽草栿上，一头两条交叠在内槽东（或西）补间铺作上。栿上用方木敦桥普拍方，再于普拍方上用方木敦桥，承第三缝承椽方。此三缝槫方高 33～35 厘米不等，约为一足材。第二、三缝方下并用实拍单材襻间一条。

四椽栿上东西向列平梁两条，各 46 厘米 ×25 厘米，约合一材两栔。其上垒方木一重、单材方一条，其上又承南北向平梁二条、东西向单材方二条，成井字形。平梁各 36 厘米 ×28 厘米，即一材一栔。其上又用井字形普拍方一重，再在其上垒脊方二重，共高两材一栔。又于下一层平梁背上当心南北向置足材方两条，紧夹铁刹杆下端。第二重脊方上亦置东西向足材方两条，拦于铁刹杆中部两侧。刹杆方 10 厘米，直达刹顶最上宝珠。

脊方上椽尾及续角梁尾，均截齐成一平面，于上置普拍方一重、单材方三重，其上又置普拍方一重。方外侧垒砌屋脊，方上铺版栈，垒砌砖刹座。砖刹座两重，下重高 1.16 米、径 3.65 米，上重高 0.70 米、径 3.30 米。座上即为铁制仰莲、覆钵、相轮、火焰、仰月及宝珠，并自仰月下系铁链八条，下与垂脊末端相连。

一至四层出檐做法。第一、二层檐均于上层平坐柱间安承椽方。三、四层檐于上层平坐柱内侧草栿上，用方木敦桥承椽方。大角梁 35 厘米 ×20 厘米，约为一材一栔，梁头卷杀至 24 厘米 ×16 厘米，梁尾均至上层平坐柱鼓卯。子角梁 25 厘米 ×16 厘米，梁头卷杀至 18 厘米 ×12 厘米，安于大角梁背上。椽径 13～17 厘米，平均为 15 厘米，合九分材。

实测出檐、举高数如下表（其中第五层前后橑檐方心共八椽，长 20.7 米，但刹座下八面脊方间直径 2.64 米，故举高计算应减去此数，按 18.06 米计）：

	檐出自橑檐方心至檐头				举高		
	檐出（厘米）	合椽径倍数	飞子出（厘米）	合檐出十分数	前后橑檐方心长（厘米）	举高（厘米）	举高合橑檐方心长分数
副阶	128	8.5	63	4.9	375	142	五分举一，每尺减五分
一层	128.5	8.5	69	5.4	210	105	四分举一
二层	128	8.5	56	4.4	212	95	四分举一，每尺减一寸一分
三层	138	9.2	70	5	192	101	四分举一，每尺加五分
四层	146	9.7	59	4	175	92	四分举一，每尺加五分
五层	145	9.7	61	4.2	1806	528	三分举一，每尺减一寸二分

第五层屋面自脊方至橑檐方间四椽三缝，自上至下每缝折数如下：

第一缝折 43 厘米　合举高的 8%

第二缝折 24 厘米　为上折数的 56%

第三缝折 8 厘米　为上折数的 33%

各层升头木高 24～26 厘米，合一材左右。各檐至角生出亦不一律，以飞子头为准，约在 14～19 厘米间。

六、其他

1. 墙

一层外墙厚 2.60 米、内墙厚 2.86 米，墙下砖隔减高 81 厘米，砖 40 厘米 ×18 厘米 ×7.5 厘米。砖上又加木骨一层，厚 10 厘米，其上垒砌土墼墙。南面副阶明间左右墙厚 91 厘米，隔减高 44 厘米。隔减下，于各柱位置均砌出柱门［图版 27］，自柱门内至柱脚四周，砌成空道一周。

2. 平棊、藻井［实测图 7、15，图版 36～38、58、128、129］

第一层外槽南、东南、西南三面出跳间有峻脚椽，平棊方间安平棊。内槽平棊方间安藻井，直径 9.48 米、高 3.14 米，每角用阳马两条相并。各阳马中部间，又横用随瓣方一条，将藻井每面分为上下两栏，各栏之间用小方椽拼斗（鬭）[①] 六出龟纹或方格纹。

第五层内槽六椽栿外安平棊，两栿间前后亦用平棊，当中略偏北作藻井。藻井分两层，第一层方井，第二层斗八藻井，仅于阳马间安背版，远不如第一层藻井精致。

3. 南面版门［实测图 34，图版 31］

南面版门用额颊两重，两颊间净宽 2.57 米。外重额颊 38 厘米 ×32 厘米，突起于檐柱普拍方外约 14 厘米，立颊下用高 16 厘米础石承托。内重额 43 厘米 ×13 厘米，立颊 27 厘米 ×13 厘米。地栿 30 厘米 ×13 厘米，而于颊内版门位置斫低成“凵”形，高 25 厘米。立颊立于地栿上，上与门额叉瓣造。额上用门簪两枚，各 24 厘米 ×15 厘米。地栿前地面当心嵌石臼，额上安铁钏，以受门关。版门厚 6 厘米，用四楅。地栿两头石门砧宽 45 厘米、长 103 厘米，内外各出一半。此门做法古拙，门额、立颊所用线脚雅致，与朔县金代崇福寺弥陀殿版门、格子门，同为古代建筑中小木作稀有实物。

4. 各层格子门及叉子［实测图 34，图版 68、69、88、89、108、109、125］

第二至五层各层外檐均于阑额下用立颊安格子门，格子门全部系近代制作，早非原物。立颊广 25～29 厘米，厚 15～17 厘米。额上紧贴普拍方下及左右立颊外侧各加 17 厘米 ×9 厘米木条，素单混造，突起在阑额立颊之外。此种做法，曾见于敦煌第 421、437 两窟檐门窗，其用途今尚不明了。立颊外用榑柱、泥道版。地栿约 23 厘米 ×17 厘米，中部斫低与一层版门做法同。阑额上每层各安门簪二枚，广 19～23 厘米、高 13～15 厘米。立颊上钉木对联，宽 20 厘米、厚 3 厘米、长 173～213 厘米，似后代所加。

叉子高 132～142 厘米，安于内槽地栿上。立颊间两侧用望柱，柱间用上下串、檽子，檽数各层各间不等，均为后代配装。

5. 扶梯［实测图 35，图版 35、65、84、125］

扶梯均于地面（或楼面）上用地栿两条，两栿间用棍，上铺地面版，成为梯台。

---

① 此简体字“斗”对应繁体字“鬭”，不可混同于“升斗”之“斗”。本文中还有多个用字为“斗八”“拼斗”之处，不再一一提示。

梯颊 41 厘米 ×16 厘米至 34 厘米 ×16 厘米，两颊下端立地栿上，上端交于草乳栿上。两颊间用榥三条或两条，均透卯抱寨。颊内施促踏版，颊上安钩阑，其做法与外檐钩阑同。各层内长梯，钩阑下端用望柱。各平坐内短梯，不用望柱。梯口仅第五层环三面尚存钩阑，高 91 厘米，其盆唇地栿间用卧櫺两条。

6. 钩阑［实测图 35］

各层均用单钩阑，斗子蜀柱造。每面在平坐铺作第三跳素方上用地栿，地栿上每角用望柱一条，高约 125 厘米。望柱间用蜀柱五枚，分作四间。每间内盆唇下地栿上用素版。蜀柱斗子用一木做成，盆唇木套过斗子安于素版上，斗子上承寻杖。自铺版方上至寻杖，共高约 109 厘米。每面盆唇木、寻杖各以两条相接于当心，地栿每间或通用一木，或两木相接。

7. 瓦兽

全塔瓦面累经后代修换，大小式样极不一律，现用筒瓦径以 16 厘米者最多，屋脊均用瓦条垒砌，外泥灰浆。垂兽、套兽形式大小亦极不一律，且无一完整者。

8. 彩画

各层彩画以第一层外槽南面及内槽、第五层内槽保存较好，清晰可辨，其他各处或颜色暗淡不清，或剥落过甚。

第一层外槽南面，梁栿、阑额画如意头角叶，心内画枝条卷成华或锁文，普拍方全部画锁文。斗栱作青绿缘道，栱面心内或画龙牙蕙草。内额上照壁版槏柱、牙头版画铺地卷成华［图版 42］，明间平棊九块，各于团窠内画云龙［图版 38］，似均为明代彩画，尤以后二者较为精工。其他各层大致与此相同，唯斗栱或用五彩遍装。

第一层内槽斗栱、藻井五彩遍装［图版 58］。斗栱绿地白缘道红华，藻井方椽用绿地红白华、土红背版。颜色鲜明，或系光绪三十四年（公元 1908 年）重妆佛像时，据原地重描。

第五层内槽六椽栿画旋子彩画，平棊画写生华，藻井画五彩锦文及八卦。上述以及各层外檐栱眼内侧画写生华，似均为清代所绘。

9. 坛座

第一层释迦像下八角形莲座［图版 59、61、62］，底径 5.80 米、高 1.90 米。下面叠涩束腰，每角用壸门柱子，其外塑力神托莲瓣。每面又各有缠龙柱一条。

第二至五层塑像均置于木制坛座上［图版 74、96、97、113、130］，各像下莲座损坏较重，累经修补，已失原状。第二、四、五层坛均方形，各高 43 厘米、46 厘米、58 厘米，方直造。唯第三层坛八角形，底径 6.63 米，每面宽 2.75 米，高 52 厘米［实测图 35］。束腰下叠涩六重，各成方圆线脚，束腰上叠涩三重。束腰每面作壸门十间，壸门柱子雕作连珠，比例适当，制作精细，为辽代小木作中精品。

叁　损坏情况

释迦塔自建成至今已历九百余年，其基本情况尚属良好。据检查所见损坏最严重的有两项。一是各层柱头及普拍方相交处，因不胜负荷而破碎劈裂以及阑额下弯。二是第二、三层全层向东北方向水平扭转，尤以第三层最为严重，同时又导致二、三层柱子全向东北倾斜，楼面版起伏不平，以及塔刹自覆钵以上向东北弯折等现象，大致系由地震等外力造成。此外 1926 年山西军阀内战，炮击此塔 200 余弹，造成局部损坏甚多，至今塔上弹痕累累随处可见[①]［图版 149～159］。综计各项局部损坏情况如下：

第一层　西面北角转角铺作被炮击，毁华栱两跳，并导致檐角下垂。

第二层　西南面南角中弹，普拍方及柱头方三重断裂，并毁失补间泥道令栱。

内槽北面普拍方断裂、阑额下弯、柱头方劈裂。西南、西、东南三面阑额劈裂。

第三层　西南面平坐中弹，地面版损毁过半，铺版方、斗栱均伤损，钩阑毁失。

南面西转角铺作中弹，断毁华栱三跳及柱头方、栱。

东北面、东面、西南面内额弯裂。

东面北檐柱全部裂开。

---

① 受特殊时期政策限制，作者在此处略去 1937—1949 年的木塔受损情况。相关问题可参阅莫宗江先生作于 1950 年的《应县、朔县及晋祠古代建筑》，该文对此有较详细记载，并附若干相关遗迹照片。参阅中央人民政府文化部文物局：《雁北文物勘察团报告》，1951。

内槽西面北端铺版方拔榫。

第四层　平坐西面北端塌陷。东北、北、西各面平坐地面版残缺甚多。

北面东檐柱劈裂，毁失约四分之一。

第五层　西面北角梁糟朽，其他角梁略有拔榫。西南、西北及北面平坐地面版残缺。

其他中弹但损坏较轻的有：

副　阶　西南面明间补间铺作，南面西次间补间铺作。

第二层　东北面平坐铺版方，西面明间柱头方，西面北转角铺作，北面西转角铺作，平坐西南面西柱头铺作，平坐东北面北柱头铺作。

第三层　西南面阑额，南面西转角铺作，平坐西南面西柱头铺作。

第四层　西面阑额，西面北角柱柱头及栌斗，平坐西南面南柱头铺作。

第五层　东面及西面内槽柱头方，西面平坐北柱头铺作，东北面北檐柱。

又各层栱眼壁多有损毁，各层钩阑间有残缺，第二、三、四层梯口钩阑均遗失。

肆　碑记匾联

塔南面月台南侧嵌砌两碑，东面为《□□□释迦塔寺碑》，西面为《重修释迦塔记》（附录六），均为康熙六十一年（公元1722年）。塔南面副阶内东侧两碑，一为同治五年（公元1866年）《施财善士录》，一为同治五年《重修佛宫寺碑记》（附录十三）。西侧两碑，一为《乾隆五十二年岁次丁未重修碑记》（附录十二），一为《施财善士碑》。副阶内东南面墙上嵌砌二碑，一为万历辛丑（公元1601年）直隶宣大税课太监张烨《李宪台邀登应州塔诗》，一为弘治三年（公元1490年）《释迦塔字跋》（附录四）。南面墙上嵌一碑，为正德八年（公元1513年）钦差镇守宣府等处御马太监刘祥《登塔诗》。

塔后砖台上大殿前陀罗尼经幢，为金大定四年（公元1164年）弥勒院立（附录一），为寺内现存年代最早的石刻。

塔内第一层南门内东侧残八角石柱，上题“大元至正十三年宝宫寺第十五代传法嗣祖沙门住持云泉普润禅师隆公之塔”（公元1353年），后附《大金重修宝宫禅寺常住地土碑记》（附录二）。第二层内檐北面悬民国十八年（公元1929年）重修记木匾（附录十五）。第三层外檐南面立匾刊“释迦塔”三大字，两侧小字十一行，简记历代修建年月（附录三）[图版80]。第一层内槽南门西侧小木牌，记光绪三十四年（公元1908年）重妆佛像施财人名。第四层外槽西面乾隆五十一年（公元1786年）“重新真会”匾四字前有序，简记修理年月（附录十一）。第五层内槽西面悬康熙六十一年（公元1722年）重修记木匾（附录七），南面悬民国十七年（公元1928年）重修记木匾（附录十四）。其他各层乳栿下牌记及匾联详见附录十六、十七，其中以第二层南面东乳栿下及第三层南面东乳栿下“大明正德十二年”（公元1517年）二记为最早，余均清代所记，大部分又均为同治五年（公元1866年）所记。

下篇　寺、塔之研究

壹　绪论

我国古代建筑，自先秦以来即形成了以木结构为主导的体系。在河南安阳殷墟发掘出的宫殿遗址，已证明了这一事实。在这以后，到封建社会初期的战国时期，似乎有一次飞跃的发展。无论从记载中或现存古代遗址中，都可以看到一个显著现象——创造出高层建筑。从此开始，战国时期的统治阶级竞相“高台榭”“美宫室”。秦始皇建造阿房宫，“上可以坐万人，下可以建五丈旗，周驰为阁道”[①]。汉初的鸿台“高四十丈，上起观宇”[②]。汉武帝时的建章宫“前殿度高未央，其东则凤阙高二十余丈”[③]，“渐台高二十余丈”，又“立神明台、井幹楼，高五十丈”[④]。三国时曹操在邺城建铜爵、金凤、冰井三台[⑤]。北魏洛阳永宁寺浮图“去地一千尺”[⑥]。唐武则天时建明堂“凡高二百九十四尺，东西南北各三百尺。有三层”[⑦]，又于明堂北起天堂五级，“至三级，则俯视明堂矣”[⑧]。这些历史记载中的高层建筑，最初是台榭，继之发展成楼阁。它们是怎样建造起来的呢？研究中国建筑史的人，都极想解决这个问题。现今，这些建筑虽有一部分还留存着遗址，例如阿房宫、未央宫遗址，那高耸的夯土台也足以证明当时庞大的规模，

[①] 司马迁:《史记·秦始皇本纪》(全10册)，中华书局，1959，第256页。
[②] 阙名氏著、张宗祥校录《校正三辅黄图》，古典文学出版社，1958，第19页。
[③] 司马迁:《史记·封禅书》(全10册)，中华书局，1959，第1402页。
[④] 司马迁:《史记·孝武本纪》(全10册)，中华书局，1959，第482页。
[⑤] 陆翙:《邺中记》，收入王云五主编《丛书集成初编》，商务印书馆，1937，第2页。
[⑥] 杨衒之撰、周祖谟校释《洛阳伽蓝记校释·城内》，中华书局，1963，第3页。
[⑦] 刘昫等:《旧唐书·礼仪二》，中华书局，1975，第862页。
[⑧] 司马光:《资治通鉴·卷二百四》，中华书局，1956，第6455页。

只可惜上面的木结构建筑究竟是什么样子、如何构造的，还是莫解的问题。

两千多年前乃至一千年前的高层建筑是无从看到了，幸而这个九百多年前的释迦塔仍然健在。五层六檐全部木结构的高塔，高达 67.31 米，在中国古代建筑中是孤例，也是世界上稀有的杰作之一。九百余年前没有现代材料、工具，在生产水平、科学技术水平还不高的条件下，能用木材建成如此高大的建筑物，应是建筑史上一个具有重要意义的成就。由此可以了解这种木结构方式所能达到的强度、高度、规模及其在当时的优越性，进而探索这种结构体系的创造、发展情况，为研究古代大规模建筑或高层建筑的构造方法提供线索。

倘使我们能够将下起清代万泉飞云楼[①]、承德普宁寺大乘阁[②]，上至释迦塔等类建筑，作出全面的分析比较，找出其间的发展规律，那么，再从释迦塔追溯到汉代、战国，结合遗址发掘的研究，作出复原推测，也未必是不可能的。如此，在解决古代建筑发展史的这个重大问题时，释迦塔必将起着重要作用。

从战国到汉代突出的建筑活动，是从台榭到楼阁。汉代以后到唐宋的建筑活动，就转而由楼阁到寺塔。自从佛教传入中国后，古代建筑中便出现了“塔”这一新的建筑类型，在各时代中建造了各种不同式样的塔。就今日所知，其中楼阁式塔恐怕是出现最早的一种式样。见于记载的有三国时笮融起浮图祠：

> 笮融聚众数百，往依于（陶）谦，谦使督广陵下邳彭城运粮。遂断三郡委输，大起浮图祠，上累金盘，下为重楼。又堂阁周回，可容三千许人。作黄金涂像，衣以锦彩。每浴佛，辄多设饮饭，布席于路，其有就食及观者且万余人。及操击谦，徐方不安，融乃将男女万口、马三千匹走广陵。[③]

按陶谦作徐州牧在黄巾起义之后，亦即公元 184 年以后。而曹操击陶谦，事在初平四年（公元 193 年）。所以笮融起浮图祠，当在公元 184 年至 193 年之间，这是见于我国历史记载最早的一座塔。既是“上累金盘，下为重楼”，当然是木结构楼阁式塔。

---

① 陈明达:《两年来山西省新发现的古建筑》,《文物参考资料》1954 年第 11 期。又，万泉县今称万荣县。

② 《承德外八庙建筑》,《文物参考资料》1956 年第 10 期。

③ 王先谦:《后汉书集解・陶谦列传》(全 2 册)，中华书局，1984，第 831 页。

以后北魏时有代都（山西大同）永宁寺七级浮图：

是后七年而帝践祚，号天安元年（公元466年）。是年刘彧徐州刺史薛安都，始以城地来降。明年尽有淮北之地，其岁高祖诞载。于时起永宁寺，构七级浮图，高三百余尺，基架博敞，为天下第一。[①]

这塔建于天安元年的“明年”，即皇兴元年（公元467年）。它没有记明是木结构的或是砖石的，但是由下列记载可以证明是一座木塔：

永宁寺，熙平元年（公元516年）灵太后胡氏所立也……中有九层浮图一所，架木为之。举高九十丈，上有金刹，复高十丈，合去地一千尺。去京师百里已遥见之。[②]

水西有永宁寺，熙平中始创也，作九层浮图。浮图下基方十四丈，自金露盘下至地四十九丈。取法代都七级，而又高广之。[③]

洛阳永宁寺浮图“架木为之”，确是一座木结构九层楼阁式塔。它晚于代都七级浮图四十九年，既然取法代都七级，足见代都的七级浮图也是木结构楼阁式的。北魏楼阁式塔，现在都已不存，只能在石窟雕刻中窥知其大概。如云冈第21窟塔柱［插图一］、第5窟浮雕五层塔［插图二］，都是较好的例证。

隋唐时期长安寺塔记载中，可以肯定是木结构楼阁式塔的，有以下数处：

（长乐坊）大半以东大安国寺。……东禅院亦曰木塔院。[④]

（延康坊）东南隅静法寺。西院有木浮图，抗弟琎为母成安公主建。重叠绮丽，崇一百五十尺，皆伐抗园梨木充用。[⑤]

（永阳坊）半以东大庄严寺，隋初置……宇文恺以京城之西有昆明池，池势微下，乃奏于此寺建木浮图。崇三百三十尺，周回百二十步，大业七年（公元611年）成。武德元年（公元618年）改为庄严寺，天下伽蓝之盛，

---

① 魏收:《魏书·释老志》，中华书局，1974，第3037页。
② 杨衒之撰、周祖谟校释《洛阳伽蓝记校释·城内》，中华书局，1963，第1～3页。
③ 郦道元:《水经注·穀水》，上海中华书局据戴氏遗书本校勘，年份不详，卷十六，第13页。
④ 徐松:《唐两京城坊考·长乐坊》，中华书局，1985，第70页。
⑤ 徐松:《唐两京城坊考·延康坊》，中华书局，1985，第109～110页。

插图一　云冈第21窟塔柱（陈明达绘）

插图二　云冈第5窟浮雕塔（陈明达绘）

插图三　四川通江千佛崖浮雕七层塔（陈明达绘）

莫与于此。[①]

（永阳坊）西，大总持寺，隋大业三年（公元607年），炀帝为文帝所立，初名大禅定寺。内制度与庄严寺正同，亦有木浮图，高下与东浮图不异。武德元年改为总持寺。[②]

其中，在永阳坊庄严寺、总持寺的木浮图，高达三百三十尺，略低于释迦塔（各种关于释迦塔的记载均称塔高三十六丈）。这些木塔也都不存在了，今日对隋唐木塔的形状，除了从砖石塔——如西安玄奘塔——间接推测外，仅于四川通江千佛崖浮雕中见到的七层塔[③]，是一个较为具体的形象［插图三］。

宋代著名匠师预浩（或作喻浩）建开宝寺塔，是建筑史中著名的故事：

开宝寺塔在京师诸塔中最高，而制度甚精，都料匠预浩所造也。塔初成，望之不正而势倾西北，人怪而问之。浩曰：京师地平无山而多西北风，吹之不百年当正也。其用心之精盖如此。国朝以来木工一人而已，至今木工皆以

① 徐松：《唐两京城坊考·永阳坊》，中华书局，1985，第127页。
② 同上。
③ 陈明达：《四川巴中、通江两县石窟介绍》，《文物参考资料》1955年第2期。

预都料为法。[1]

至于它的大小尺度，也见于记载：

（端拱）二年（公元989年），开宝寺建宝塔成，八隅十一层，三十六丈……皆杭州塔工喻浩所造。凡八年而毕，赐名福胜塔院。[2]

它完成的年代，早于释迦塔仅六十七年。所记高三十六丈，正同于志书记释迦塔高，似乎大小也差不多，形制亦可能相近。此塔费时八年才建成，可见释迦塔也不是短期间所能建成的。

开宝寺塔也没有能保存下来，宋代建筑中，只有在河北正定城内还保存着一个天宁寺塔，下四层是砖砌，上五层是木建，可以算得半个木塔［插图四］。这半个木塔不但较小，而且仅是个外壳形式，它的内部结构勉强简陋，是远不能与释迦塔相比拟的。

自汉末至宋初，见之记载的木塔大致就是如此。此类记载显然均有所夸张，如北魏永宁寺浮图，或说高四十九丈，或说去地千尺，推其用意，无非极力描写其形体之高大。可见“高”是其他类型建筑所不及的。又如宋初预浩以建开宝寺塔、著《木经》而成当时著名匠师，记载中多形容他的独特技巧，甚至衍为神异之辞，无非极力描写木塔结构之精巧。又可见结构繁难，必在其他类型建筑之上。

然而，看文字记叙，仅能得到抽象概念，不能具体认识真实形象。只有在看到释迦塔后，才确信形体高大、结构复杂精巧，是最恰当的形容。

木塔是中国佛塔中最古老的形式，是由笮融起浮图祠“上累金盘，下为重楼”发展而来的。所谓重楼就是将单层殿堂上下重叠起来的形式，金盘就是相轮。释迦塔正是这种“重楼”，其形式来自楼阁也显然可见。同时，木塔也是早期佛塔中较普遍的形式，所以唐、宋以来很多砖石塔，如西安大雁塔、苏州虎丘塔、杭州六和塔、泉州开元寺塔等等，都是仿木塔形式建造的。古代如此普通的建筑类型，如今仅存一个释迦塔，是十分可贵的。对释迦塔的研究，将为研究历史上各时代木塔的形式、结构、风格提供线索，也将给复原那些记载中的木塔以有益的启示。

在中国封建社会时期，唐代曾经是一个文化高度发展的朝代，文学、艺术、工艺

---

[1] 欧阳修:《归田录》，收入《渑水燕谈录·归田录》，中华书局，1981，《归田录》第1页。

[2] 志磐撰、释道法校注《佛祖统记校注·卷第四十四》，上海古籍出版社，2012，第1037页。

插图四　正定天宁寺塔

都有突出的成就，留下了丰富的遗产。至于建筑，我们从许多记载中知道一点梗概，从许多壁画中看到不少优美的形象。看来，唐代建筑和其他文化一样，也有较高的成就。只是保存到现在的实物太少，目前已发现的只有一个建于建中三年（公元 782 年）的南禅寺大殿、一个建于大中十一年（公元 857 年）的佛光寺大殿。前者只是一个简单的三间小殿，不能说明唐代的建筑水平。后者是一个七间大殿，水平较高，可以作为唐代末期建筑的代表作品。但是要研究唐代这样一个文化高度发展时期的建筑成就，仅仅依据一个建筑物，仍是十分不足，还必须寻求其他佐证或间接资料。过去，我们在调查测量过的辽、宋、金建筑中，常常感觉到辽代建筑较之宋代建筑，更多地保留着唐代建筑做法和风格，正可补充唐代建筑实物不多的缺憾，为研究唐代建筑提供更多的线索。这就是我们对辽代建筑特别重视的原因。

辽代木建筑保存至今的，为数也不太多，重要的只有十三个，而且其中五个已毁于抗日战争中[①]，现在只有实测图纸。这些建筑就是：

1. 蓟县独乐寺山门　统和二年（公元 984 年）　三间单檐庑殿顶
2. 蓟县独乐寺观音阁　统和二年（公元 984 年）　五间重楼歇山顶
3. 义县奉国寺大殿　开泰九年（公元 1020 年）　九间单檐庑殿顶
4. 宝坻广济寺三大士殿*　太平五年（公元 1025 年）　五间单檐庑殿顶
5. 大同华严寺薄伽教藏殿　重熙七年（公元 1038 年）　五间单檐歇山顶
6. 大同华严寺海会殿*　年代不详　五间单檐悬山顶
7. 应县佛宫寺释迦塔　清宁二年（公元 1056 年）　五层楼阁式塔
8. 大同善化寺大殿　年代不详　七间单檐庑殿顶
9. 新城开善寺大殿　年代不详　五间单檐庑殿顶
10. 涞源阁院寺文殊殿　年代不详　三间单檐歇山顶
11. 易县开元寺毗卢殿*　乾统五年（公元 1105 年）　三间单檐歇山顶
12. 易县开元寺观音殿*　乾统五年（公元 1105 年）　三间单檐歇山顶

[①] 此五处已毁辽代木构建筑的具体被毁时间、原因等，迄今尚无明确的历史记录，以目前所掌握的信息，大致是：易县开元寺毗卢殿、观音殿、药师殿均毁于抗战期间的日军轰炸；海会殿于 1948—1950 年被某学校拆除；宝坻广济寺三大士殿则毁于二十世纪五十年代初。

13. 易县开元寺药师殿[*] 乾统五年（公元1105年） 三间单檐庑殿顶

（[*]已毁于抗日战争中）

这些建筑数量虽不多，所幸是类型、式样、结构、规模各方面都比较齐备。这为我们研究辽代建筑，提供了较为全面的实物资料。

这里，只指出蓟县独乐寺观音阁和释迦塔在结构上大致相同，并且和唐代佛光寺大殿极为相似。因为它们不是局部或细节相似，而为现存宋、金两代建筑中所不再见的结构方式，这使我们更加相信，辽代建筑确实保留着更多的唐代做法。

在这十三个辽代建筑中，释迦塔是最为突出的建筑物。它的形体最大、结构精巧、外观壮丽、轮廓优美［插图五］。这一形式是由“重楼”发展而来，它不同于一般楼阁之处，仅只结顶一层屋面用攒尖顶，并于其上建塔刹。这种楼阁式，每一层均具有组成单层殿堂的三个部分，即阶基（或平坐）、屋身和屋面。五层塔即将这三个部分重复五次。因此，这一形式的自身就已确定了若干相似的节奏的一再显现，构成了全部立面的和谐韵律。

它的六层檐、四层平坐，由于适应每一层的不同高度、开间、进深和出檐等情况，使用了几十种斗栱，充分显示出斗栱在此种结构体系中的重要性及其在应用上的灵活性。在一个建筑物上，集中地使用了如此多种的斗栱，为研究斗栱在建筑结构中的作用提供了最大的便利。

总之，我们要探索古代高层建筑的构造方法，要了解唐代建筑发展的详细情节，释迦塔将为我们提供一些线索或证据。

问题虽然提得较远，具体研究还是要从释迦塔本身的建筑结构、建筑构图着手。而确定它的建筑年代、弄清它的原状，又是进行研究的前题。以下各章，就按照修建历史、寺塔原状、建筑设计及构图、结构四个部分，作些初步讨论和分析。

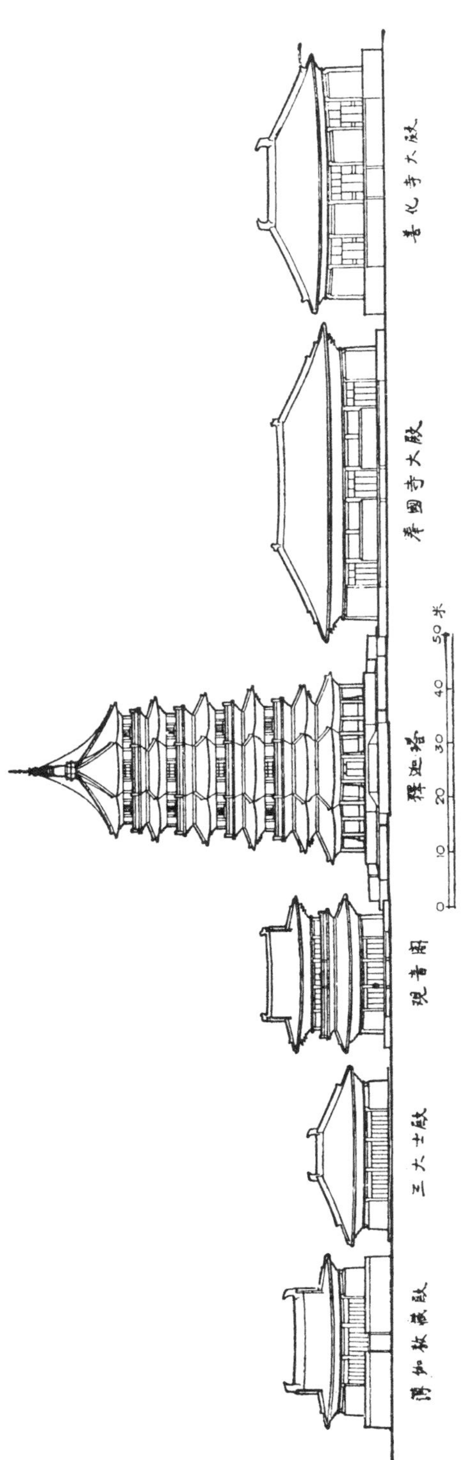

插图五　辽代木结构建筑比较图（陈明达绘）

贰 释迦塔修建历史

释迦塔的建筑形式及斗栱、梁方、柱额等细部手法，与其他辽代建筑比较，大致都差不多。尤其它的整体结构与蓟县独乐寺相同，并且是宋、金建筑中所未曾见过的。由此，已经可以确信它是辽代建筑，现在只是再从历史记载加以证实，并明确它的年代。

这个建筑史上重要的建筑物，关于它的历史记载却很贫乏。除在调查记中已经详述了现存于寺内的历史资料外，在各本方志中还有些简略记载。综合此等记载，对寺塔创始年代有两种不同说法：

其一，说建于晋天福间（公元 936—944 年），辽清宁二年（公元 1056 年）重修（附录九、十）；

其二，说辽清宁二年田和尚奉敕募建，至金明昌四年（公元 1193 年）增修益完（附录五・2），或说清宁二年特建，明昌六年（公元 1195 年）增修益完（附录三）。

前一说见《图书集成》、雍正《山西通志》和乾隆《应州续志》，并说是“旧志载晋天福间建”。后一说见万历间田蕙编《应州志》（以下简称“田志”）。其他各种记载，虽繁简不同，按其词句似多转录“田志”。这个田蕙，对佛宫寺的历史确是做过一番研究，写了一篇《重修佛宫寺释迦塔记》（以下简称“田记”。附录五・3），记中也曾提到旧记，可见他曾经见过旧志。但是他在记中并没有提到天福间建塔的事，可能他所引的旧“记”和通志引的旧“志”不是一回事。

另一重要记载，在第三层塔身南面的牌匾上。牌匾当中题“释迦塔”三个大字［插图六之①，图版 80］，大字两侧各有几行小字，由于字大小比例悬殊，悬挂位置又高，若不注意很难找到。这几行小字系统地记录着辽清宁二年特建宝塔、金明昌六年增修，直到明成化七年（公元 1471 年）重妆，可说是释迦塔修建历史的摘要，应是根据有关修建的记载，摘录其年月总记于此的（附录三）。那么，这块匾是什么时候写的呢？在副阶东南面墙上嵌砌的《释迦塔字跋》（附录四），实即记述书写匾的经过，末署弘治三年（公元 1490 年）书于忠爱堂。我们在“田志”州治图中看到州治大堂标为忠爱堂［插图六之②］，又发现第五层东、南、西、北面的“玩海”“望嵩”“挂月”“拱辰”四

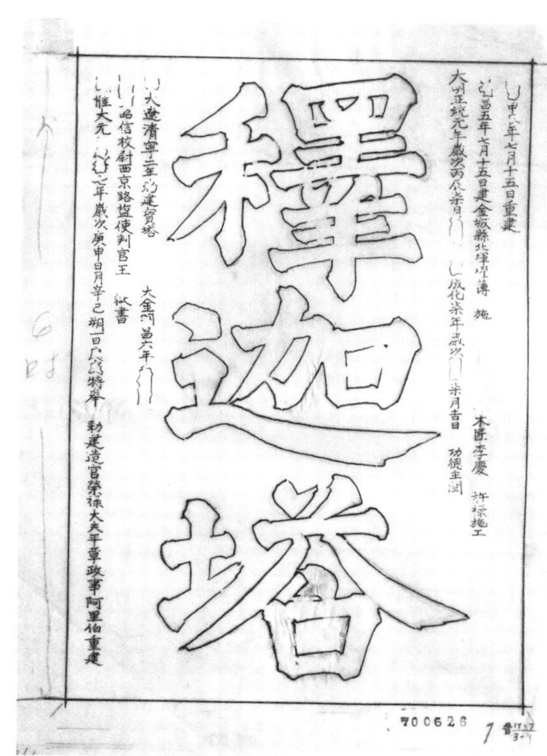

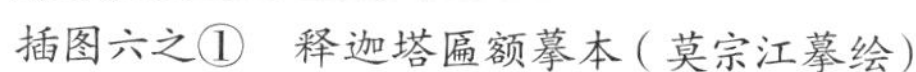
插图六之① 释迦塔匾额摹本（莫宗江摹绘）

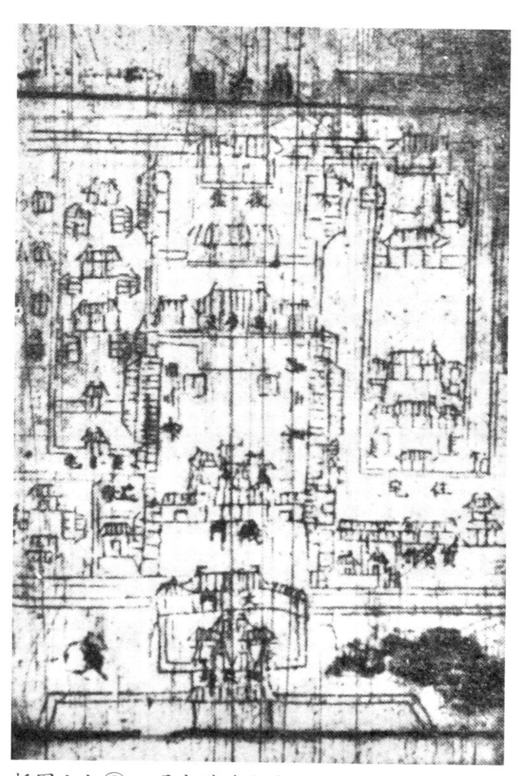
插图六之② 明应州州治图

匾（附录十七）字体相同，也是弘治三年并署关西薛敬之书，因而知道都是当时知州薛敬之所写，上面的记载自然是同时所汇录。它早于“田志”一百零九年，可说是关于佛宫寺最早、最详的记载了。现在的问题是，两种说法究竟哪个正确，从实物上颇难肯定。因为塔的结构和唐代建筑相近，和北汉天会七年（公元 963 年）所建的平遥镇国寺大殿也有共同点，很难肯定它不是晋天福年间所建。

恰好，五代史上有一件重要的事，晋天福元年（公元 936 年）割云应等十六州入辽。[①] 这就可以推断晋在割地以后，不会再在应州大兴土木，以朝代说塔之建筑应当属辽而不属晋。应州与晋及晋以后的北汉接壤，而晋和北汉实际上是听命于辽的，这时期的应州虽是辽的军事重镇，置彰国军节度使，事实上恐怕并不十分重要。在这一段时间里，也找不到大规模建筑活动的迹象。直到宋灭北汉后，应州才确实成为辽的重

[①] 欧阳修:《新五代史·晋本纪》，中华书局，1974，第 79 页；脱脱等:《辽史·太宗本纪下》，中华书局，1974，第 44～45 页。

镇，随即成为辽宋战争的地区。到辽圣宗统和四年（公元986年）在应、朔等州有一次大战，这一年：

三月甲戌……潘美、杨继业雁门道来侵……（丁亥）彰国军节度使艾正、观察判官宋雄以应州叛，附于宋……（夏四月）辛丑宋潘美陷云州……（五月庚午）诏遣详稳排亚率弘义官兵及南北皮室郎君拽剌四军，赴应朔二州界与惕隐瑶升招讨韩德威等，同御宋兵在山西之未退者……秋七月丙子枢密使斜轸遣侍御涅里底、斡勒哥奏复朔州，擒宋将杨继业……（辛巳）又以杀敌多诏上京开龙寺建佛事一月……自是宋守云应诸州者闻继业死，皆弃城遁。[①]

这一战直到杨继业被擒才结束，此后宋辽在这一带才再没有大战。据此，可以设想在辽宋战争期间，应州地位还不巩固，从事大规模建筑活动，似乎不大可能。所以，塔的建造应该在统和四年以后，军事政治比较稳定，并且经过若干年休养生息，经济比较充实的时候较为合理。

由此看来，塔的建造应以辽道宗清宁二年的记载较为可信。而此塔规模巨大，决非短期所能完成，如宋开宝寺塔即费时八年。故若清宁二年是奉敕建筑的一年，则完成应在清宁二年以后。若是年是完成的一年，则始工或在重熙年间，所谓奉敕，是指兴宗而不是道宗。

在封建社会中，规模较大的建筑往往是统治者们凭借其权势耗费大量人力物力兴建的。如大同华严寺是“清宁八年建华严寺，奉安诸帝石像、铜像”[②]，蓟县独乐寺是“尚父秦王请谈真大师入独乐寺修观音阁”[③]。那么释迦塔是谁要建造的？查辽代帝王贵族中与应州有关的人，有兴宗后萧氏及其父萧孝穆：

兴宗皇后萧氏，应州人，法天皇后弟枢密楚王萧孝穆之女也。[④]

圣宗皇后萧氏，父实忽，追封陈王。性慎静寡言，圣宗选入宫，生木不孤，即兴宗，次曰达妲李，又公主二人，册为顺圣元妃。三兄二弟皆封王，

① 脱脱等:《辽史·圣宗纪二》，中华书局，1974，第120～124页。
② 脱脱等:《辽史·地理志》，中华书局，1974，第506页。
③ 于敏中等:《日下旧闻考·卷一百十四》，北京古籍出版社，1981，第1883页。
④ 叶隆礼:《契丹国志·后妃传》，贾敬颜、林荣贵点校，中华书局，1983，第165页。

姊妹封国夫人。弟徒古彻又尚燕国公主，兄解里尚平阳公主，陈六尚南阳公主，皆拜驸马都尉。又纳兄孝穆女为兴宗后，弟高九女为帝弟妃。前后恩赐不可记极。[①]

萧孝穆番名陈六，法天皇后兄也。初，后选入宫为圣宗夫人，授大将军。后封元妃，迁北宰相，封燕王……圣宗崩，以辅立功封晋王，又纳女为兴宗后，授枢密使、楚国王。[②]

可知萧孝穆又名陈六，在圣宗、兴宗朝是一个权贵人物。说兴宗后是应州人，可能是出生在应州，也可能应州是她的汤沐邑。兴宗又是辽代帝王中崇信佛法的人，史载“尤重浮屠法，僧有正拜三公三师兼政事令者凡二十人”[③]。加以辽代本有为帝王建筑寺塔的习惯，如庆州城内寺塔及大同华严寺都是为帝王所建。这就是“田记”称为奉敕募建的来历，进一步证明塔建于清宁二年应是完工的一年。

佛宫寺原名宝宫寺，“田志”说“元延祐二年避帝讳，敕改宝宫为佛宫”。但延祐二年为公元1315年，现存至正十三年即公元1353年所立石柱（附录二）还称为宝宫禅寺，可见改称佛宫是在至正以后，也不是避元代帝讳。其确切改称时间，现今还无从查考，不过明代的记载已全部称为佛宫寺了。又据上述石柱上所刻地土碑记，当金代时，宝宫禅寺所有常住土地即达四十余顷。则寺规模之大、僧众之多，是可想见的。到明代成化间，寺已开始颓败，以致钟楼倒塌无力再建（附录五·4、五·5），沿至清代才成为现在的范围。

据“田志”所记，塔自清宁二年后“父老记今（金）元迄我明大震凡七，而塔历屡震而迄（屹）然壁立”。又“顺帝时地大震七日，塔屹然不动”（附录五·2）。又吴炳《应州续志》卷一“灾祥”：“宏（弘）治十四年四月辛未，应州黑风大作”，“正德八年应州地震有声”。以及1926年山西军阀内战，炮击释迦塔二百余弹。确是历经灾害，而仍屹然壁立，足见其结构之坚固。但是，在近千年中也经过若干次修理，其大

[①] 叶隆礼:《契丹国志·后妃传》，贾敬颜、林荣贵点校，中华书局，1983，第165页。

[②] 叶隆礼:《契丹国志·外戚传》，贾敬颜、林荣贵点校，中华书局，1983，第179页。

[③] 叶隆礼:《契丹国志·兴宗文成皇帝》，贾敬颜、林荣贵点校，中华书局，1983，第92页。

致情况如下：

第一次修理，大致是从明昌二年到六年（公元1191—1195年），距塔建成后一百三十余年。这是由明昌二年铸钟（附录五·4、五·5）、“田志”记明昌四年增修益完、“释迦塔”牌匾记明昌六年增修益完等所推断。又前述石柱上刻地土碑记前有“大金重修”等字样（附录二），也应是此次修理时所作。现今看到的塔内后加方柱、平坐内后加枝樘等，可能就是这次所增修。后加构件，大大增加了塔的结构强度，是极力加固的措施，记载称之为“增修益完”，正是这个道理。塔的柱头劈裂、普柏方头压碎等普遍损坏情况，很可能是在初建后百余年间曾遭受一次严重破坏的结果，也是金明昌年间必须加固修理的原因。

金明昌以后到元延祐七年（公元1320年），经过一百三十余年，又作了第二次修理，即释迦塔牌匾所记“延祐七年岁次庚申四月辛巳朔一日庚戌特奉敕监造官荣禄大夫平章政事阿里伯重建”（附录三［插图六之①］），可惜没有具体详细记录，在塔上也无从断定哪些部分曾经元代修理。至于阿里伯其人，查元史延祐四年至六年平章政事是阿里海牙[①]，有一个阿里伯是大德十一年（公元1307年）左丞，另一个阿里伯是至元元年（公元1335年）到八年右丞参知政事，官职和姓名均不能完全符合，无从查找他的事迹，只能从“重建”又是“奉敕”，并且由平章政事这样一个大官来“监造”，推测这一次的修理规模可能不小。又“田记”中有延祐二年“敕改宝宫为佛宫”，“至治三年英宗硕德八剌皇帝幸五台山经过登塔”，“敕彰国军节度使妆金诸佛”等记载，可证佛宫寺在元代曾受到统治者的重视。

由延祐七年到明正德三年（公元1508年）的一百八十余年间，只有上述至治三年（公元1323年）和明正统元年（公元1436年）两次重妆，没有修理。永乐四年（公元1406年）明成祖题了一块“峻极神功”匾，天顺八年（公元1464年）铸了个铁鼎（均参见年表），不知同时曾否修理。直到正德三年才有“出帑金命镇守太监周善修补”的记载。这一次修理，推测主要是增加了第一层华栱头下的柱子，同时拆砌了内外墙（详下节），其规模当然是不小的。

---

① 宋濂：《元史·宰相年表》，中华书局，1976，第2820～2821页。

正德三年到清康熙六十一年（公元1722年）的二百一十余年间，又经过正德十二年重妆、修塑像，万历七年（公元1579年）寺僧及乡人募赀重修，并在月台西南角立了个铁幢，万历二十二年铸山门前铁狮，天启二年（公元1622年）铸了口钟，修理规模似乎都不大。到康熙六十一年章弘“捐清俸同阖郡官绅衿土□民议修共成善事”，而“是役也经始于二月二十一日至七月望日落成”（附录六）。经过五个月时间，除修理塔外还“创建东西禅堂六楹，左右□客房两座”，“钟鼓二楼比旧址崇五尺”，“周围新建墙垣花墙八十余丈”，“明□堂□□增高三尺有奇”等等，是自正德以后最大的一次修理。现在塔内外牌匾，也以这一年的最多（附录十七）。第五层内槽西面有一块匾记（附录七），记录这次修理中的情况，虽其中有很多迷信的话，也可从中看到修理的规模。

其后，雍正四年（公元1726年）知县萧纲修了一次，在塔后砖台南建了一座砖门，题为“第一景”。乾隆五十一年（公元1786年）、五十二年（附录十一、十二），道光二十四年（公元1844年），同治二年（公元1863年），又有几次修理，都是单独几个人出赀，规模不可能很大，记载也很简单。到同治五年的一次修理，不但立了碑记（附录十三），各层乳栿下修理牌记也多是此年所立（附录十六）。由牌记看来，这一次修理是以彩画妆銮为主的，但范围较为普遍，是康熙六十一年以后比较大的一次修理。

再后光绪十三年（公元1887年）、二十年、卅四年有三次小修理和妆銮佛像。直到1926年军阀内战炮击二百余弹后，又有1928年、1929年两次修理（附录十四、十五），修理范围是从“塔顶之云罗宝盖”到“各级之檩柱补修”。从捐款人钱数统计，两次共用去了1219.5元。从现存情况判断，这次修理只是小修补，可能只限于塔顶和屋面被击部分，梁柱斗栱等主要结构均未触动，但也算得是同治以后最大的一次修理了。

释迦塔建成于辽清宁二年（公元1056年），在现存有确切年代的辽代木结构建筑中，是一个年代较晚的建筑物。自建塔后至中华人民共和国成立以前，共经过六次大修理，即：

1. 金明昌二年至六年　　公元1191—1195年　　距建塔135年
2. 元延祐七年　　公元1320年　　距上次修理125年

3. 明正德三年	公元 1508 年	距上次修理 188 年
4. 清康熙六十一年	公元 1722 年	距上次修理 214 年
5. 清同治五年	公元 1866 年	距上次修理 144 年
6.1928—1929 年		距上次修理 62 年

其修理间距最长 214 年，平均约 150 年即修理一次。其中除明昌修理外，其他各次修理都是修补或妆銮性质，未改动原有结构。

明昌增修，主要是针对损坏情况进行加固，其加固方法颇为完善。根据对原状的推测，加固时可能曾拆除各面窗子，但基本上保持了塔的原状，对实用毫无影响，对风格未曾改动。在我们今天修理古代建筑物时，是可引以为借鉴的。

又第二、三、四层平闇藻井，究系后代遗失或原即短缺，现已无由证实。此一现象颇令人怀疑此塔始工之后，可能在政治经济上曾发生变化，致使工程草草结束。

叁　寺、塔原状

一、释迦塔

我们说此塔现时仍基本上保持着原状，并不是说自修建以来一点改变也没有。例如现在塔的外观，较之 1933 年时就有显著改变。那么在将近一千年中，还有其他什么改变呢？现在就分为外观和内部来检查一下，并且试求它的原状。

第一，先检查外观。我们知道辽代砖塔塔檐有两种不同的轮廓线，一种是连接各层檐头的线成一直线，另一种是成一条向内递收的折线。有一些砖塔如易县千佛塔［插图七］、涿县云居寺塔［插图八］、涿县智度寺塔［插图九］、内蒙古自治区巴林右旗庆州白塔［插图一〇］等，都是仿照木塔的形式。尤其庆州白塔，其外形轮廓、建筑风格与释迦塔最为近似。这些塔都是在四个正面明间装门，四个斜面明间多砌成直檽窗（只有庆州塔为了安置雕像，才没有直檽窗）。参照这些同时代砖塔的特点，显然释迦塔的外轮廓线和各层门窗都曾被改动过。

插图七　易县千佛塔（已毁于二十世纪四十年代）

插图八　涿县云居寺塔（陈明达摄）

插图九　涿县智度寺塔（陈明达摄）

插图一〇　内蒙古自治区巴林右旗庆州白塔

在实测释迦塔立面图上，各檐檐头的连接线既不能成一直线，也不能成为向内递收的折线。向来，古代木建筑的椽飞因年久糟朽，在后代修理时采取锯短的办法，也是常见的。问题是各层檐各被锯短了多少？解决这个问题，可以按照几种不同的方法，得到几种不同的结果。这里只谈一个我认为比较合理的方法，它的结果与现状相差也较小。

首先连接一、二层檐头作一直线，并延长至第五层以上，则以上各层檐头均在此线之内侧，第五层檐头与此线之水平距离为 0. 60 米［插图一一］。亦即此塔轮廓线如原为直线，第五层檐头曾被锯短 0. 60 米，加上现有出檐（连飞子在内），其原有出檐（自橑檐方至飞子头）将为 2.66 米，超过以下各层出檐数甚多，按第五层结构，出檐亦不可能如此深远。故可假定原有轮廓线不是直线，而是逐层向内递收的折线。

其次，连接一、二层及二、五层檐头作一折线，则第三、四层檐头在此线之内侧，可证至少第三、四层檐头确曾被锯短，现即增长此两层出檐，使连接各层檐头的线成一向内递收的折线。检各层出檐数，以第四、五两层出檐合椽径 9.7 倍为最大。各层飞子数，以第一

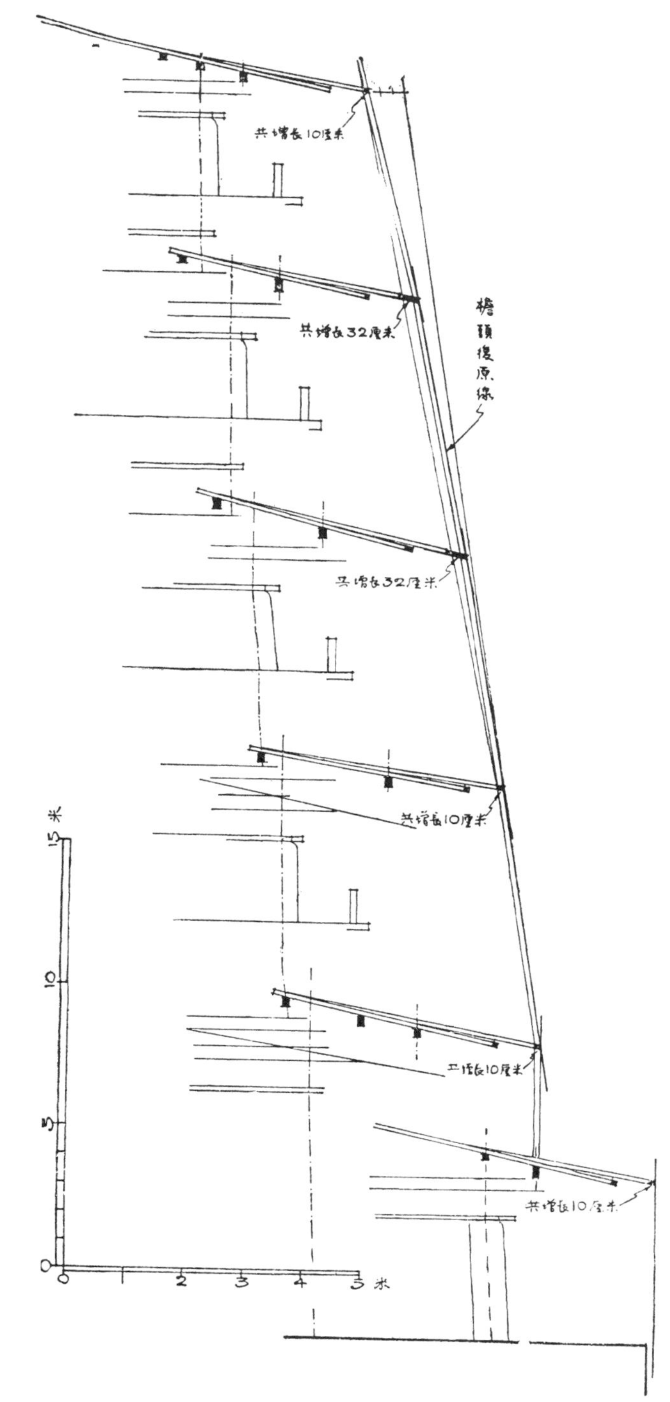

插图一一　出檐轮廓线复原图（陈明达绘）

层合出檐 5.4 / 10 为最大。姑假定当时设计出檐数最大为椽径 10 倍，飞子最大为出檐 6 / 10。将三、四两层出檐按椽径 10 倍，增至 150 厘米。此时再将第三层飞子增至 80 厘米，第四层飞子增至 77 厘米，使第三、四层檐各共增加 22 厘米，其他各檐保持现状，即已取得一各层向内递收的轮廓线。

但是，从图纸上还发现副阶柱脚中至阶头 2.60 米，而柱头中至飞子头的水平距离是 2.635 米。从檐头与阶头的关系判断，可证副阶檐头也曾被锯短。虽然副阶檐头与构成上述递收折线无关，但从而说明全部檐头均有锯短可能，而第三、四两层或因损坏最巨，锯短特多。现如再在上述三、四层增加数之外，将全部出檐再普遍增加同一长度，仍可取得同一轮廓线。又因第三层飞子如再增加 10 厘米，即达到上面假定的出檐、飞子最大数，所以复原出檐需增加的最大数，是在三、四层增长数之外，各层均再增长 10 厘米。按照此一推测，并约略比照现存出檐飞子比例，得到各层出檐飞子数如下表：

	实测出檐数		实测飞子数		增加出檐数			增加飞子数			增加总数（厘米）
	深（厘米）	合椽径倍数	深（厘米）	合出檐十分数	深（厘米）	合椽径倍数	增加数（厘米）	深（厘米）	合出檐十分数	增加数（厘米）	
副阶	128	8.5	63	4.9	135	9	7	66	4.9	3	10
第一层	128.5	8.5	69	5.4	135	9	6.5	72	5.3	3	9.5
第二层	128	8.5	56	4.4	135	9	7	59	4.4	3	10
第三层	138	9.2	70	5.0	150	10	12	90	6.0	20	32
第四层	146	9.7	59	4.0	150	10	4	87	5.8	28	32
第五层	145	9.7	61	4.2	145	9.7	0	71	4.9	10	10

由此可以进一步理解原设计各层出檐不拘于同一标准，大致是设计时先以某一层檐为依据（据下节推论，当是第三层檐），决定全塔轮廓线，而后再据此轮廓线，量为伸缩各层出檐飞子数。至于此一折线究竟是先定出一条和缓的抛物线，然后使各层檐头与线上各点相重合，或者是按卷杀方法取得的，现在还无法解答。

外观上的第二个问题是各层门窗［实测图 4、5、18、19、34，图版 13、15、27、31、

32]。1933年时，塔第二至第五层的东、西、南、北四个正面明间，各装格子门四扇，次间及其他各面全部用灰泥墙[插图一二，图版145]。各层各个次间墙内均用斜撑枝樘。这是不是辽代原状，也颇有可疑。根据仿木建的砖塔推测，四个斜面明间应有直檽窗。还有各层平坐内部缺乏光线，平坐栱眼壁上原应装有直檽窗，或者至少在有楼梯的几面有窗。这些推测，现在还缺乏有力的证明，只有明间格子门可以肯定原来应为两扇，其理由如下。

四正面明间面阔自二层4.21米至五层3.68米，除去两侧泥道，只余2.24米至1.80米的空当供安装格子门。若每间四扇，则每扇仅宽56至45厘米。试按《营造法式》格子门门桯、子桯计算方法，门桯广为门高3.5%、子桯广为门高1.5%，每门两门桯、两子桯合共为门高10%。则第二层门高2.49米、第五层门高2.36米，每扇门桯、子桯即占去宽度的1/2至1/3左右，安装格子的地位显然不足。即使辽宋做法不尽相同，相差也不致如此之远。因此，每间只能安门两扇。

现在再讨论第一层内外墙门。第一层现有内外墙墙下隔减，全用40厘米×18厘米×17.5厘米砖砌成，这是一般明代城砖规格，和在应县土城边找到的城砖完全相同，可见是利用城砖砌成。据“田志”应州城于明洪武八年（公元1375年）改筑时才“重以甓”（附录五・1），故塔墙砌筑年代不能早于洪武八年。又内槽南门内侧壁面上有嘉靖二十七年（公元1548年）、三十二年，隆庆元年（公元1567年）等游人题记，又可证筑墙时间不能晚于嘉靖二十七年。检历次修理记录，在这段时间内，只有正德三年（公元1508年）一次是较大修理，内外墙或即此年所筑。辽代建筑一般均有厚重的檐墙，如蓟县独乐寺观音阁、大同善化寺大殿等等，檐柱均用厚墙维护。木塔较之上述各建筑更加高大，其下檐原亦应用厚墙维护。所以这墙应是重新拆砌，并非增筑。

现在内外墙上，于南北两面辟门。北面外门在檐柱明间，南面外门在副阶明间，均用版门两扇。南门门额、立颊、门簪做法古拙，用料粗壮。其大小高度，亦只能装在副阶明间，不能装在檐柱间，应是辽代原作。问题是上述各辽代砖塔都是四面辟门，此塔阶基四面均有月台，以上各层也是四面装门，似第一层四面原均有门，所以才有设月台的必要。若果如此，则东西二门当是明代拆砌檐墙时，出于加固塔身的考虑而取消的。但东西二门应和北门一样，安装在檐柱间而非安装在副阶柱间，这样才能取

插图一二　1933年释迦塔东面外景（莫宗江摄）

得突出正面入口的效果。

至于内槽，由于壁画的需要和加强塑像的巨大庄严效果，可能原来就只有南北二门。而外槽北门和内槽南北二门的额栿、立颊等，用料单薄，做法草率，以之与南面外门相较，显然已非原物。

外观上最后一个问题是阶基［实测图 1～5，图版 19～24］。现有阶基，部分用毛石和条石垒砌，地面杂用砖石，均证明阶基曾累经修改。康熙六十一年修理碑记说“见塔□低洼，时遭水浸”，大概是阶基曾被水浸坍塌，这一年予以修理。此碑就嵌砌在南月台南面，应当就是修理时砌上的。现今塔四周很多洼地，而靠近阶基周围的地面较月台前的地面高起甚多，就是这次修理时所培高。根据下节分析，南月台前的地面还是原地面高度，所以，阶基周围填高达 64 厘米。

综合上述各点，其外观原状略如插图一三。

第二，再来检查内部，主要是后加构件和平闇、藻井两个问题。

塔内后加构件［实测图 16、17，图版 106、123］，又可分为两项。一是转角、柱头铺作第一跳华栱头下后加的柱子，每层各三十二根。二是各层平坐内后加构件。第一层后加柱子是略经加工的原木，直径约 35 厘米，高 9 米多。其他各层除个别用圆柱外，都是经细致加工的方柱截去四角，约为 38 厘米 ×28 厘米，高不及 4 米，与第一层的用料瘦弱、加工粗糙相比，有显著不同。如前所推论第一层内外墙是正德三年所改建，似乎就是由于第一层各柱已不胜负荷，才拆墙增柱的。其他各层柱子规格一致，做法相同，又和平坐内后加斜撑枝樘规格做法相同，应当都是同一时期所作。

平坐内的斜撑枝樘和各铺作跳下的立柱、铺作柱头方或后加承重方，共同组成三排近似现代“桁架”的结构。内外铺作里转第二跳缝下各一排，内槽柱头缝一排，均与乳栿成直角方向。在柱头缝的一排，柱子下端立在柱头方上，上端叉在阑额之下。其余两排柱子下端立在承重方上，上端叉在第二跳跳头下。它们和平坐铺作的结构关系，较觉勉强。用材另是一种规格，和塔上其他栱方梁栿截然不同，可以肯定是后代修理时增加的构件。另外在每面乳栿上有一条斜撑，顺着乳栿方向向外枝樘。在每角乳栿上有两条斜撑，分别向内外枝樘。这种做法，也见于蓟县独乐寺观音阁平坐内，应当是原有的构件。

插图一三　释迦塔复原想象图（陈明达绘）

前已述及，这些构件可能是金明昌年间修理时所增加。那么，为什么在平坐层增加了如此大量的加固工程，而在塔身每层仅仅增加了三十二根立柱？固然塔身内是人流活动空间，不能像平坐内那样无所顾虑地增加构件，但是，是不是就没有其他加固方法呢？由此，再度联想到各层四个斜面明间原应装有直櫺窗，正是在这次加固时拆除，然后在阑额下加一架心柱（即现存各间心柱），并增加了斜撑枝樘，外用灰泥墙隐蔽，这就成了1933年时的样子。看来明昌年间的修理，只有第一层因有两重厚墙维护，此时未经加固，直到明正德间才拆墙加柱。

第二个问题是平闇和藻井［实测图7、16、17，图版36～38、58、129］。第一层内槽藻井用方椽拼斗方格和六出纹，和观音阁藻井做法相同，应是原物。外槽平棊，据其上彩画系明代所作。如与观音阁做法比照，外槽亦应用平闇才能与内槽藻井相协调。第五层内槽藻井受六椽栿的限制，其位置及大小应是原状。但其背版上彩画及藻井外平棊上彩画，与第一层藻井有显著区别，应是后代改做。原来也应是拼斗藻井及平闇，才能与第一层取得同一风格。

第二、三、四层原来是否有平闇藻井，现在找不到任何迹象。如果原来有，其式样应与第一层相同。但是，第一层藻井直接安装在铺作出跳之上，占了全部内槽的面积，在第一层的高度及塑像大小的权衡之下，是适当的。而第二、三、四层如果也用同样大小藻井，就会显得过于空旷，而减低了藻井应有的效果。根据从断面图上分析得出的现象（详下节），这三层如有藻井，也应该是在各层内槽四个斜面的补间铺作上用素方斗成方井，再在方井之上用随瓣方抹勒作八角井，其上再用阳马斗成藻井。

除上述两项外，还有梯口钩阑尚存第五层一处，其他各层梯口均应有同样钩阑，是无须讨论的。又第二至第五层内槽柱间现装叉子，在辽代建筑中只此一例，别无参考，是否原制无从判断，但叉子本身显然是后代所作。第二至第四层及第五层南面叉子，每面用槏柱分作三间（仅第二层北面当中多一柱，分作四间，此柱柱头上用荷叶墩，显系后加），应均为原来形制。第五层其余各面仅用心柱分作两间，就实用说似不恰当，但现尚无从判断是否后代改作。

综上所述，释迦塔基本上保持着原状。在立面外观上，一层原应四面皆辟门，二至五层四正面明间应为格子门两扇，四斜面明间可能有直櫺窗，平坐栱眼壁可能部分直櫺窗，各层檐头经后代锯短等，是较大的改变。在内部，各层可能均有平闇、藻井，而平坐及各层内后加构件均属加固性质，并未改动原有结构［插图一三、二三］。

此外，还有门、窗，二、四、五层坛座等小木作细部，彩画、瓦作等，原状已无线索可寻，未予讨论。但辽代建筑中的彩画、瓦作两项，尚有大同华严寺薄伽教藏殿内部、殿内壁藏及辽庆陵等建筑，保存较多。而大同与巴林右旗（辽庆州）相距千里有余，彩画、瓦作多相同之处，似可认为是辽代惯用的式样，是继续探讨释迦塔原状最好的参考资料。

二、大雄殿

辽金寺院建筑，大殿多建于高台上，如大同华严寺大雄宝殿、薄伽教藏殿，善化寺大雄宝殿等，都是筑在高台上[①]，可能是辽代惯用的一种形式。塔后现有大砖台，高 3.3 米，是除塔外寺内最大的建筑物。砌这个台所用的砖薄而长，不同于塔副阶地面所用小砖，也不同于塔墙隔减所用大砖。台后面慢道脚的石狮雕刻古拙［图版 8］，其风格与辽中京城内石狮相近［插图一四］，均可证砖台尚是辽代原物，应即原建大雄殿的基台，正是“田记”（附录五 · 3）所称的“塔后有大雄殿九间，旧记谓通一酸茨梁”的情况。同治五年（公元 1866 年）重修佛宫寺碑记中还有“而塔后九间殿新立看墙”之语（附录十三），是此殿毁于同治五年以后。但当时的“酸茨梁”是木结构的或本即砖建的，现尚无从了解。九间大殿的形制如何，将来如在台上钻

插图一四　内蒙古自治区宁城县辽中京城内石狮（殷力欣补摄）

① 梁思成、刘敦桢：《大同古建筑调查报告》，《中国营造学社汇刊》第四卷第三、四期。

探发掘，或许能有所发现，现在只能据辽代一般大殿形制试作推测，以备参考。

现存辽金建筑中有四个较大的大殿，可作复原此殿的参考，它们是：

辽义县奉国寺大殿。面阔九间 48.20 米，明间面阔 5.9 米，进深五间 25.13 米，用 29 厘米 ×20 厘米材。

金上华严寺大殿。面阔九间 53.9 米，明间面阔 7.1 米，进深五间 27.5 米，用 30 厘米 ×20 厘米材。

辽善化寺大殿。面阔七间 40.54 米，明间面阔 7.1 米，进深五间 24.95 米，用 26 厘米 ×17 厘米材。

辽新城开善寺大殿。面阔五间 25.8 米，明间面阔 5.79 米，进深三间 14.43 米，用 23.5 厘米 ×16.5 厘米材。

归纳起来，得到如下几项：

1. 九间、七间殿进深用五间，五间殿进深用三间。一般面阔 5～6 米，明间面阔可大至 6～7 米。

2. 明间面阔 7 米左右，用 30 厘米 ×20 厘米或 26 厘米 ×17 厘米材。明间面阔 6 米以下，用 24 厘米 ×16 厘米材。

3. 九至七间大殿，进深每间 5～5.8 米。七至五间大殿，进深每间 4.6～5 米。

4. 大殿均用单檐庑殿顶。

此外，还应考虑两个问题。其一是现存砖台面阔 60.41 米，深 41.61 米，大殿大小应在此范围之内。由于台后存在一座慢道，应是当时为通至寺后所设，这就应在大殿左右和后面留有足够的交通面积。其二是这个砖台上除了九间大殿外，还有没有其他建筑物。按“田记”先说“塔后有大雄殿九间，旧记谓通一酸茨梁，东西方丈相对”，而后又说“向前有天王殿、钟鼓楼”，可知方丈在塔之后。因此，方丈如在台上大殿之前东西相对，大殿面阔就应小一些；方丈如在台下，大殿面阔即可以大一些。

参考上述各项条件，先假定此九间大殿应为进深五间单檐庑殿顶，并用 25.5 厘米 ×17 厘米材，以与释迦塔用材取得一致。其面阔、进深如按华严寺大殿 54 米 ×28 米，两侧再加山墙厚，台两侧各有 2 米多余地，但进深较大，殿前余地较狭。如按奉国寺大殿面阔 48 米、进深 25 米，台两侧按面阔加墙厚尚各余约 5 米，较为宽绰。后檐柱中至台北沿假定3米，减去墙厚至少可有1.5米余地。而斗栱如按塔一、二层做法用七铺作，则柱中至檐头应在3.6～3.8米之间，可使后檐屋面落水正在台下。如此安排，在台上大殿前可有12米净空，似较合情理。所以，这个九间大殿大致与奉国寺大殿相近似。

台上大殿前既有12米净空，如左右各建小屋三间，每间面阔约4米，又可证“东西方丈相对”在台上的可能性很大。并且可以将方丈建在大殿尽间之前，如大同华严寺薄伽教藏殿的布局形式。甚或还在方丈之后南北再建小屋两间，左右各形成一个小三合院［插图一五］。

三、佛宫寺塔院［实测图1，图版6、9］

佛宫寺既有这样大规模的释迦塔，当时全寺规模一定很大。据元延祐《常住地土碑记》(附录二)，在元代时还有四十多顷土地，也可证明寺的规模确实不小。现今寺东侧几间瓦房及寺西学校所用院落，都不像是一般住宅建筑，很可能都是寺院的一部分，不过已无从查考了。现在只能谈一谈寺中部即塔院部分的原状。

塔院的中心当然是释迦塔，塔后是大雄殿、方丈，已详前节。塔前尚有山门、钟楼的位置及有无回廊的问题。

山门在塔前中线上，大致是明代时所改建的，1933年调查时它还存在，现时只留下阶基和天王像泥胎。由柱础量得面阔五间19.81米，进深两间6.37米，开间大小略近于塔副阶的尺度。因此，山门的位置、尺度，很可能还保持着辽代的原状。至于远距山门前107米的木坊，则是明代改建城市后所增建。

“田记”说“向前有天王殿、钟鼓楼”，是明万历间的情况。据《应州新修钟楼记》及《跋钟楼记后》(附录五·4、五·5)，所记金明昌二年所铸钟重数千斤。如此巨钟，其钟楼的规模也应不小。按《修钟楼记》所说成化间移用此钟在治东新建的钟楼“周围十丈、高六十尺”，即约略是10米见方。寺中原有钟楼，大致应与此相等或较大。又如正定开元寺钟楼及钟的大小，也略与此相近[①]，可为旁证。《修钟楼记》既说旧钟倒

[①] 梁思成:《正定调查记略》,《中国营造学社汇刊》第四卷第二期。

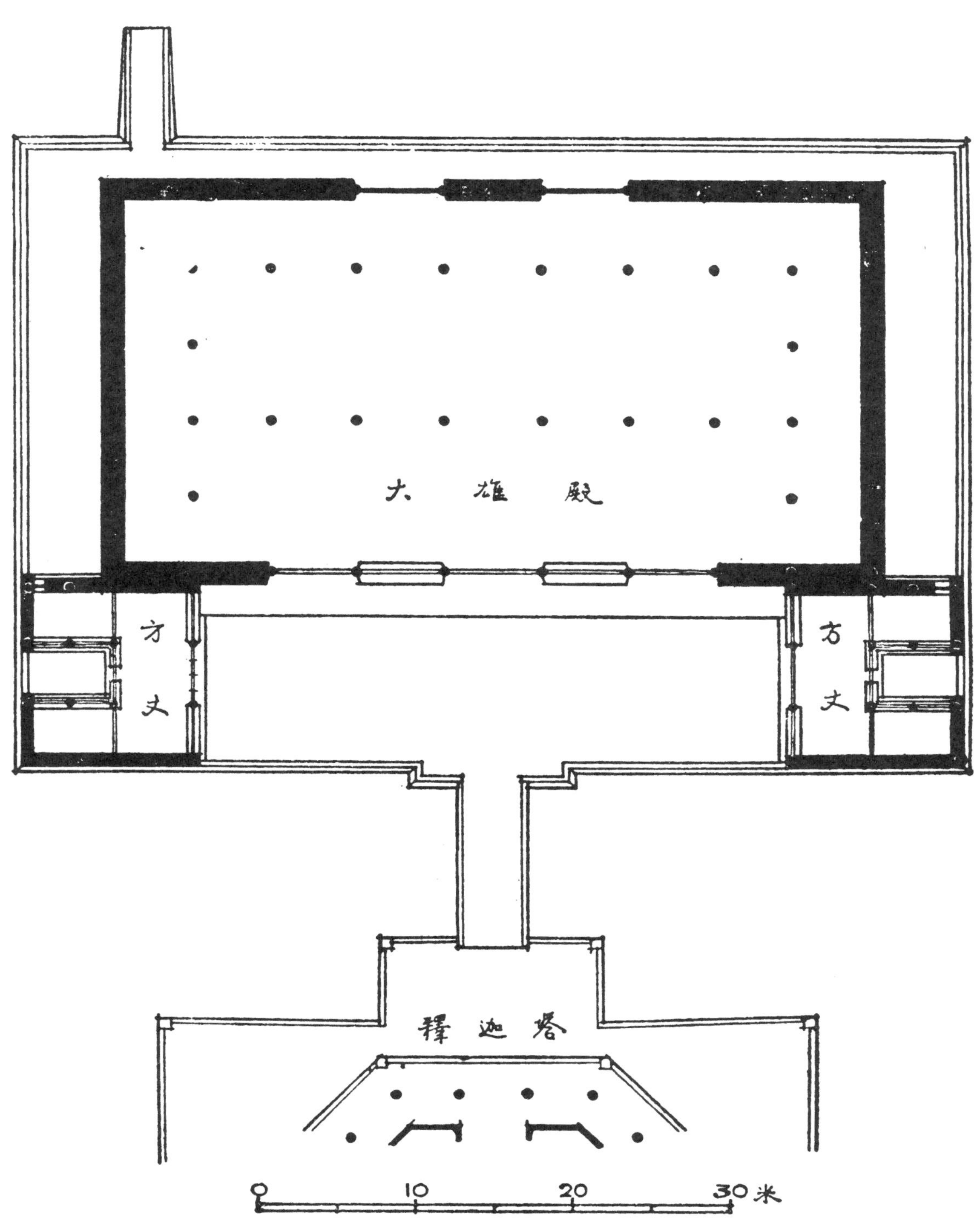

插图一五　佛宫寺大雄殿方丈复原想象图(陈明达绘)

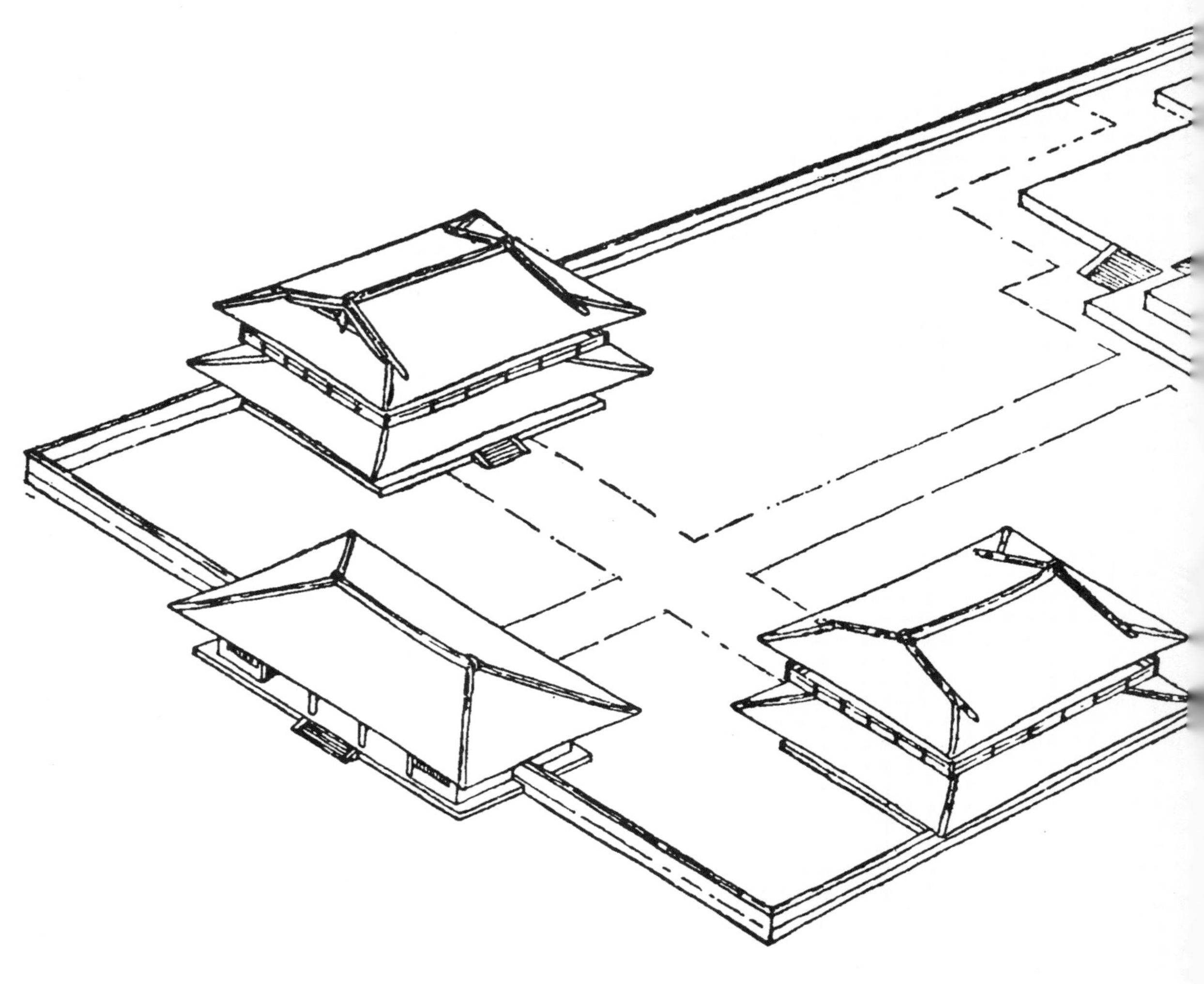

插图一六　佛宫寺塔院复原想象图（陈明达绘）

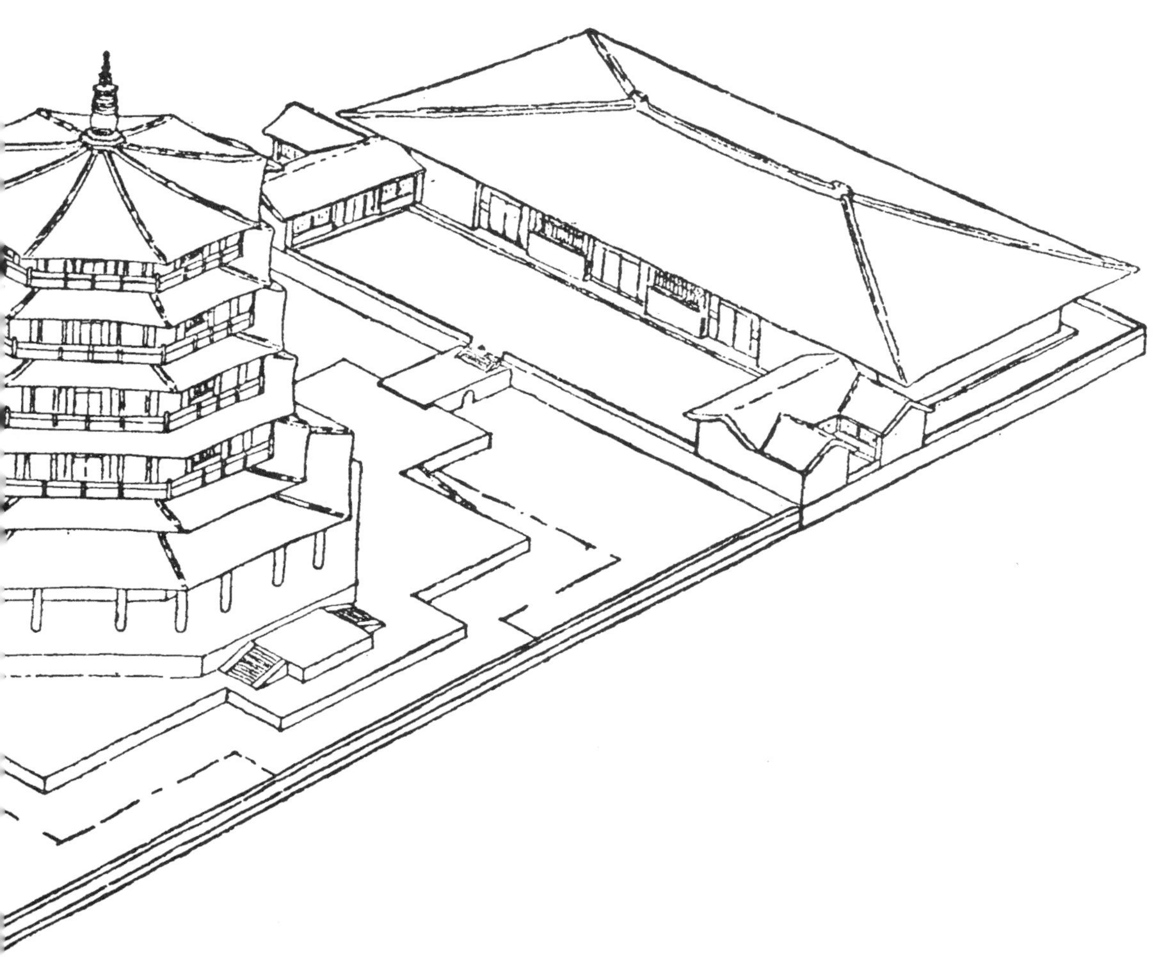

卧土中，并且是以小钟易之，是其时钟楼倒塌，换小钟后可能即再建小钟楼，也就是“田记”所称的钟楼了。又据《重修释迦塔记》：“钟鼓二楼比旧址崇五尺，屹然对峙，与木塔相辅配也。”（附录六）既增高基址，势必重建钟楼，又可知现在的钟鼓楼是康熙六十一年所建。是钟鼓二楼累经改建，早已不是辽代原物，但是它的位置可能未经改动，只是因为规模改小，并随墙垣改动向内缩进了一些。

在较早的记载中都没有提及配殿，康熙六十一年碑记才说创建“禅堂”“客房”，并因垣墙坍塌，“周围新建墙垣花墙八十余丈”，现存东西配殿想即此次所建。大概原来既无配殿，也无回廊，只是以垣墙相接。现在塔前东西垣墙间宽仅约 45 米，而塔阶基总宽 53 米多，塔后砖台宽 60 米多。似全院原来宽度至少应与砖台相等，左右垣墙直与砖台相接，或更宽过砖台。而现存垣墙应是改建钟楼、创建禅堂客房时，同时向内移缩的结果。

如上所述，佛宫寺塔院平面自山门内，中线上是塔、大雄殿及左右方丈，山门内左右是钟楼，周以垣墙［插图一六］，是一个极为简明的平面布局。

四、辽代的应州城

现在的应县城东西约 860 米，南北约 700 米，东、西、南三面各有一门。佛宫寺在城的西北隅，以塔为中点，西、北两面距城墙各约 160～170 米。

“田志”记城池修筑经过甚详尽（附录五·1）。旧城系唐乾符年间（公元 874—879 年）李克用创筑，至明洪武八年（公元 1375 年）因城西北两面空旷，才向内移缩并“重以甓”。洪武以后，所记成化、嘉靖、隆庆、万历等几次修建城楼、关城、角楼等，均只是增补，没有改变。到清乾隆间，仍是“应州城周五里八十五步，内用土筑外用砖包。四面共长一千零八十六丈五尺，身高三丈，垛高六尺。更为重闽于城之三门，东西南门楼三座，四角角楼四座，雍正四年以前增修”[①]。现城周围约 3100 余米，大致与“五里八十五步”相符。东西关厢尚存有土城，南关遗址也隐约可见，城楼、角楼早已毁失。北面城墙中段有一座突出的大城台，应为玄武庙的旧基。所以现城范

[①] 吴炳:《应州续志·建置志》，乾隆三十四年刻本，卷二第 5 页。

围，仍是洪武八年缩改后的情况，它的东南两面，应即乾符旧城的基址。

“田志”虽记就东南城墙改筑，但没有记录西北两面缩进多少。所幸旧城位置，现今仍可找到几条夯土墙遗址。距离现在西墙约 240 米（即约半里），有一条夯土遗址，南北长约 700 米。南面自现城南墙向西延伸，也有一条夯土墙遗址，与西面遗址相接，可知西墙缩进并不多。又距现城北墙约 408 米处，有夯土遗址一段，东西长 400 余米，其西端正与西面遗址的延长线相接，因知北面缩进多于西面。这情况与“田志”卷一地理志所刊州城图相符［插图一七］，可证此两面遗址，即洪武缩改以前的旧城址。而旧城大小应为东西 1100 米，南北 1108 米，略为正方形［插图一八］。此外，在上述西墙遗址之西另有两条夯土墙，各相距 100 余米，每段长约 200 米，或说此系旧城址。如属实，可能辽代时即经改筑，将西面缩进 200 余米，也可能是辽代以后至洪武以前还有一次改筑，均为方志所失记。如按照距离最远的遗址，全城东西共应为 1330 米，是个横长方形。

现城东西大街，正在城东西中线上，佛宫寺山门距大街尚有 107 米，因此在街北

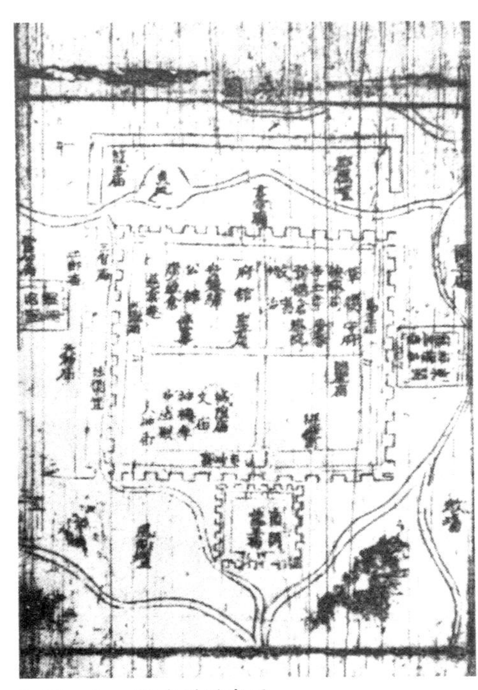

插图一七　明应州州城图

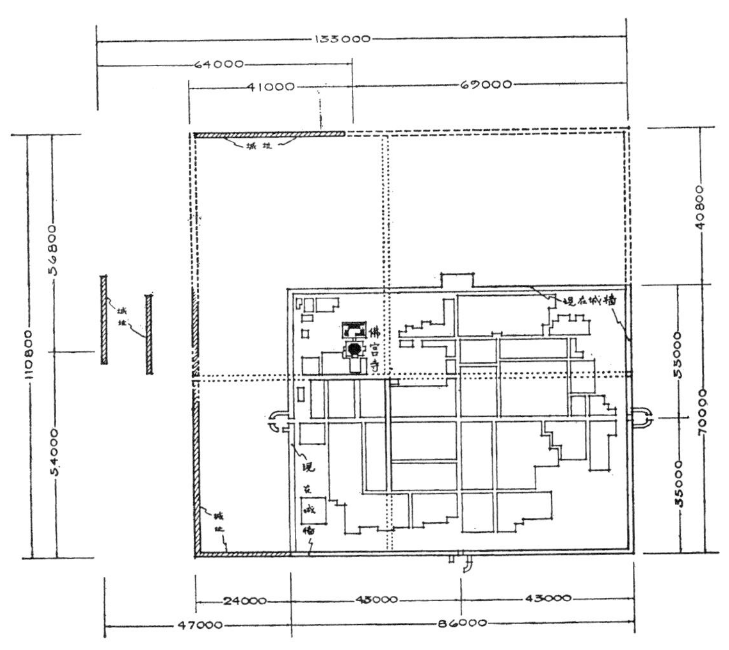

插图一八　辽代应州城想象图（陈明达绘）

通至山门的路口上立了个牌坊，这应是改筑旧城以后的情况。因为西北两面城墙既经缩进，如不将东西城门位置向南迁移，就会有东西城门过于偏近城北的缺点。况且既就东南城墙改筑，城东南必定是当时城市活动中心，东西城门也必然要向南移，随着也就改变了东西大街的位置。现在山门前的东西街，西至城墙、东至寺东空场，很可能就是旧城东西大街的残余部分。从而又可证现在山门仍是辽代时原来位置，当时正位于东西大街路北。

以上推测虽均有待发掘证明，但可以由此得到初步印象，即辽代旧城不论是正方形或横长方形，寺塔在城中的位置是全城中心或略偏西，而不是现在这样偏处于城的西北角。

肆　建筑设计及构图

一、塔院空间构图

塔院三个主要建筑——山门、塔、大殿都在南北中轴线上，处理好这三个建筑物之间的关系，就完成了全塔院的良好构图。塔是全组建筑的重心，差不多正在南北轴线中点上。前面的山门是全组建筑正面入口，但体量最小，因此在塔与山门之间取得了长达 55.5 米的空旷庭院。后面大殿是全组建筑的收尾，体量仅次于塔。虽然塔与大殿之间的距离也有 34 米多，但是由于砖台占去了大量面积，成为塔与砖台相连的局势，形成了塔前开阔、塔后紧凑的对比。

那么，塔院基址的总长度，是如何选定的呢？在全院侧面图上找到一个现象［插图一九］，从山门后檐柱中到塔中心的距离 70.63 米，为塔副阶直径的两倍多。它是站在山门后檐柱中线上能看到塔全貌的最短距离，再近，就看不到刹座。可以说塔与山门的距离，是根据塔的高度，进山门后视线的角度、幅度决定的，这就是塔院前部所需的长度。塔既在轴线中点上，塔院基址的总长，自是塔前长度的两倍。

大殿砖台建筑在基址的最后部。砖台至塔后檐柱中约 22 米，这距离本不算太小，只是由于塔下阶基月台占去了约一半位置，实际由北月台至砖台净空仅 10 米多一点。于是就在其间建一道高甬道相连，而不是分别建踏道，既免去一下一上的不便，又较建踏道节省。同时为了阶基下东西通行方便，在甬道下留出一个券洞门，成为桥的样子——即记载中的“酸茨梁”。再就殿台关系说，按照拟想的大殿原状，殿前台上仅余 12 米净空，较为局促，而一经用高甬道使台与塔阶基相连，就将殿前塔后的全部空间联合成一片。甬道起了扩大空间的效果，是极为成功的设计手法。

按照大殿复原图，在全寺侧面图上殿塔的关系，也是自塔后副阶檐柱中能够看到大殿全貌的最短距离。可见这种空间构图是设计者的意图。但是取得这个效果的方法，似有不同。即在塔与山门的关系上，是根据塔的高度、视线的角度，决定塔与山门的距离；在塔与大殿的关系上，则是先有大殿与塔的距离，然后根据所要求的视线角度，决定大殿的高度。我们已经说过塔阶基总高 4.40 米，阶基下层高 2.30 米，而大殿砖台高 3.30 米。既然塔阶基与砖台用甬道相连，为什么砖台不和塔阶基取得同一高度呢？这就是它的解答：由于大殿本身需按一定的“法式”设计，不能过多地增高或减低，而砖台高度可以大幅度增减，自必为设计时所充分利用，以达到预定要求。

二、平面 [实测图 4～15]

古代建筑的阶基本是较简单的部分，而此塔阶基在设计时，也经过一番考虑。阶基总高 4.4 米，为了不使上下踏道过长过陡，分为两层。下层平面方形，上层八角形。下层阶基四面出月台，在南月台左右设踏道，向北上至下层阶基上。从平面图上看，这样上去后转向东（或西）接着上上层踏道，是走向塔正面入口最方便的路线。这也就是下层阶基做成方形的道理，如果也是八角形，从正面上去的路线就很难安排好。

塔身直接建筑于上层阶基上，所以上层阶基和塔身一样做成八角形，它的东、西、南三面建月台，月台左右各有踏道。北面从下层阶基上向东（或西）有慢道可下至地面，向北经过“酸茨梁”通向大殿。北月台成了北面交通的会合点，它需要有一块较大的面积，所以上层阶基北面不能再在此建月台。不过，同时又产生了另一问题，从塔北面走向寺后，就必须先绕至东（或西）面下至第一层阶基，然后转向北面。如果第一层东西原有门，这个缺点就不那么显著。于此再次证明，一层东西原应有门。

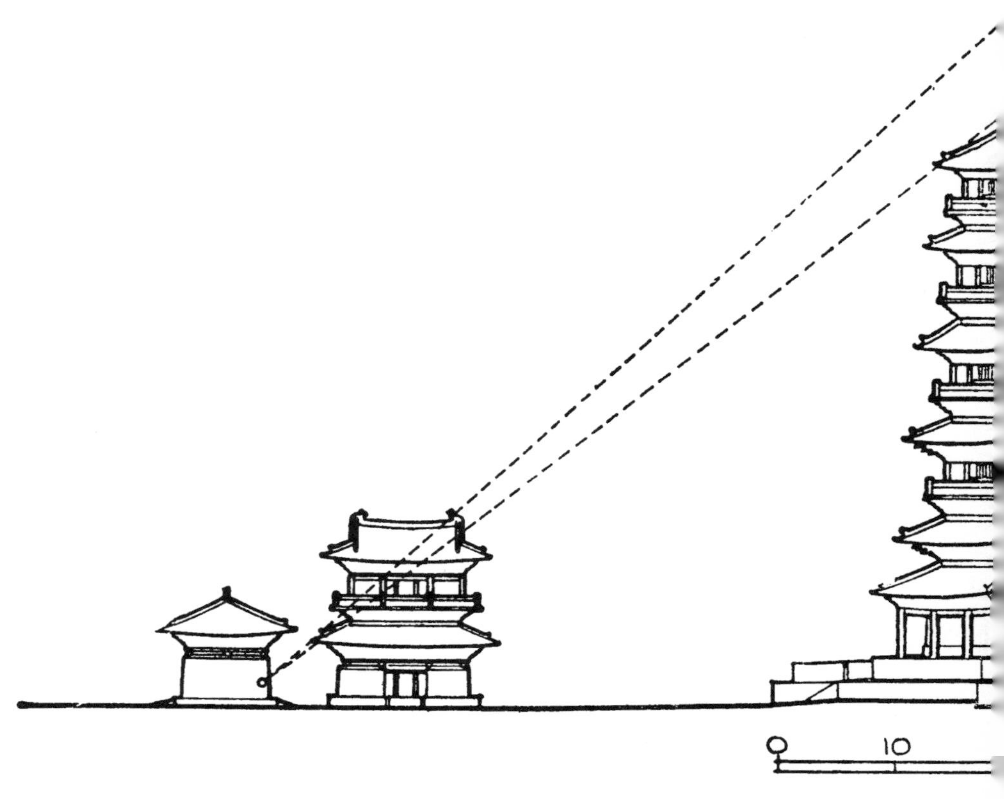

插图一九　释迦塔与大雄殿、山门的空间布局（陈明达绘）

塔身各层平面布置与一般殿宇相同，分为内外两槽，外檐每面三间，内槽每面一间。内槽安置塑像，外槽是人流活动的地方。唯第一层塔身之外，还另加一周副阶（亦即塔之外廊）。各层平面布置，可说极其简单明确。如此宏伟而构造复杂的建筑物，平面竟能做到这样简明，应是平面设计的最大成功之处。除此之外，平面设计至少还有三个值得一提的手法。

第一，是第一层平面处理。这一层的两重厚墙占去了很大面积，外槽成了一条窄狭的走道。所以将副阶南面一间，用砖墙隔断划入塔身之内。只增加了总共不到 7 米长的墙，就在外观立面上显著地突出了正面入口的地位，又使塔内多出一间“门厅”，扩大了内部空间，改变了内部窄狭局促的环境，是极为巧妙、成功的处理手法。第一

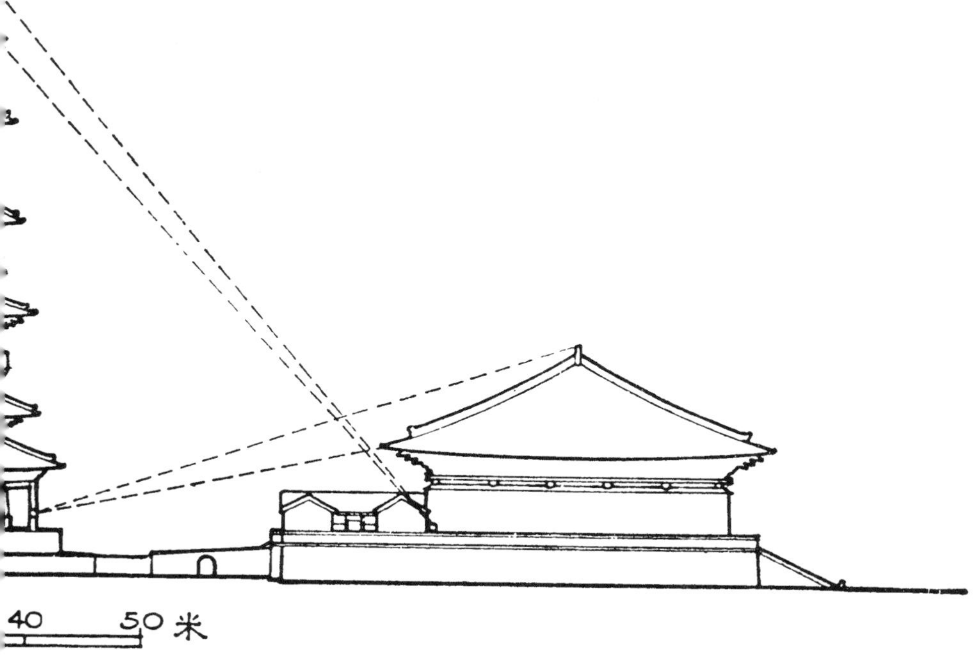

层内槽安置了一个高约 11 米的庞大塑像，占满了内槽整个空间，使人感到十分拥挤。亦应是有意将这像塑得如此高大，以期用夸张手法，取得更加高大的效果。

第二，是第二层以上各层均有挑出塔身外的平坐，可以绕塔一周环行远眺，大为丰富了塔的内容，突破了塔的宗教局限性。如各层门上的对联“拔地擎天四面云山拱一柱，乘风步月万家烟火接层霄”“高接恒峰云在槛，遥临桑渡水围城”之类，都确切地表达出从平坐上观赏山河景色的情感。各层平坐宽度从 1.21 至 1.27 米，基本上是个固定宽度，是由结构安全和予人以足够的活动面积而决定的。这种窄窄的平坐，使各层塔身能和外部环境取得更好的联系。正是如此，才产生了登临赋诗、歌颂山河景色的情感，是古代楼阁式建筑的独特和成功的创造，也是最富于民族特色的特点。

第三，是楼梯的处理。从第一层西南面开始，直到第五层楼梯，都是顺时针方向安设在外槽。第一层特别高，楼梯分为两盘，其他各层都是一盘，全塔共是九盘。第一层楼梯的第二盘在正西面，它是第一盘的延长，除此不计外，其余八盘位置都在各层的斜面，这当然是为实用着想，有意避开正面方位。八盘中四盘在塔身内的较长（塔身楼梯高 5.02 至 5.45 米），四盘在平坐内的较短（平坐楼梯高 2.74 至 3.41 米）。一般是每上一盘，转过一面接上次一盘。但在从第三层平坐上到第三层后，要转过三面才接着上通至第四层平坐的楼梯。这样就使八盘楼梯在全塔中恰好是每一个斜面上各有一盘长梯和一盘短梯，显然是考虑到全塔受力的平衡，对于全部木结构的高层建筑，应是一项重要安排。虽然在结构力学上影响可能不大，亦足见当时设计工作考虑的细致、周到。

表面明确简单的平面，关系到实用、外形轮廓、断面结构，决定它的各项尺度大小，是平面设计最重要的问题。要知道当时如何决定平面尺度，不妨先参考一下辽代一般殿宇习用的尺度。按现知辽代大殿主要尺度如下表：

建筑名称	用材（厘米）	明间面阔（米）	总进深（椽）	内槽栿净跨			乳栿（两椽栿）	
				椽	栿长（米）	栿断面（厘米）	长（米）	断面（厘米）
奉国寺大殿	29×20	5.90	10	4（6）*	9.96（14.94）	71×48	4.98	54×38
开善寺大殿	23.5×16.5	5.79	6	4	9.53	70×38	4.80	57×38
薄伽教藏殿	24×17	5.85	8	4	9.37	51×34	4.55	45×24
善化寺大殿	26×17	7.10	10	4	10.16	75×34	4.50	52×32
独乐寺观音阁	24×16	4.72	8	4	7.32	56×28	2.93	40×26
广济寺三大士殿	24×16	5.48	8	3	6.73	53×35	4.46	45×26

* 奉国寺大殿用六椽栿长 14.94 米，栿下加柱，净跨仍为四椽 9.96 米。

由此可知辽代习惯用的数字是：内槽进深多在四椽 10 米左右，最大可至六椽，用料长至 15 米左右。外槽进深均两椽，不超过 5 米。释迦塔的结构按一般情况，以外槽用两椽、内槽用四椽较为适宜。但一般大殿内槽是长方形，总面阔大于进深很多。塔是八角形，面阔进深相等，面积较相同进深的殿要小得多。要取得足够容纳那些塑像的较大面积，内槽深度需大于四椽。同时又必须考虑八角形的进深（直径）加大后，每面的面阔即随之增大。内槽面阔增大后又必需增大外槽面阔，甚至增加间数。实测内槽面阔大于外槽明间，明间乳栿系交于内槽转角铺作泥道栱头上。设若用材等第不变，内槽面阔再增大，就必须加柱分成三间，副阶即需增为五间。否则，副阶次间将大于明间，而违反明间要大于次间的传统手法。并且内槽面阔如再增大，不但会使全塔工程规模增大很多，而且平面布置及结构将产生不易解决的问题。例如插图二〇所

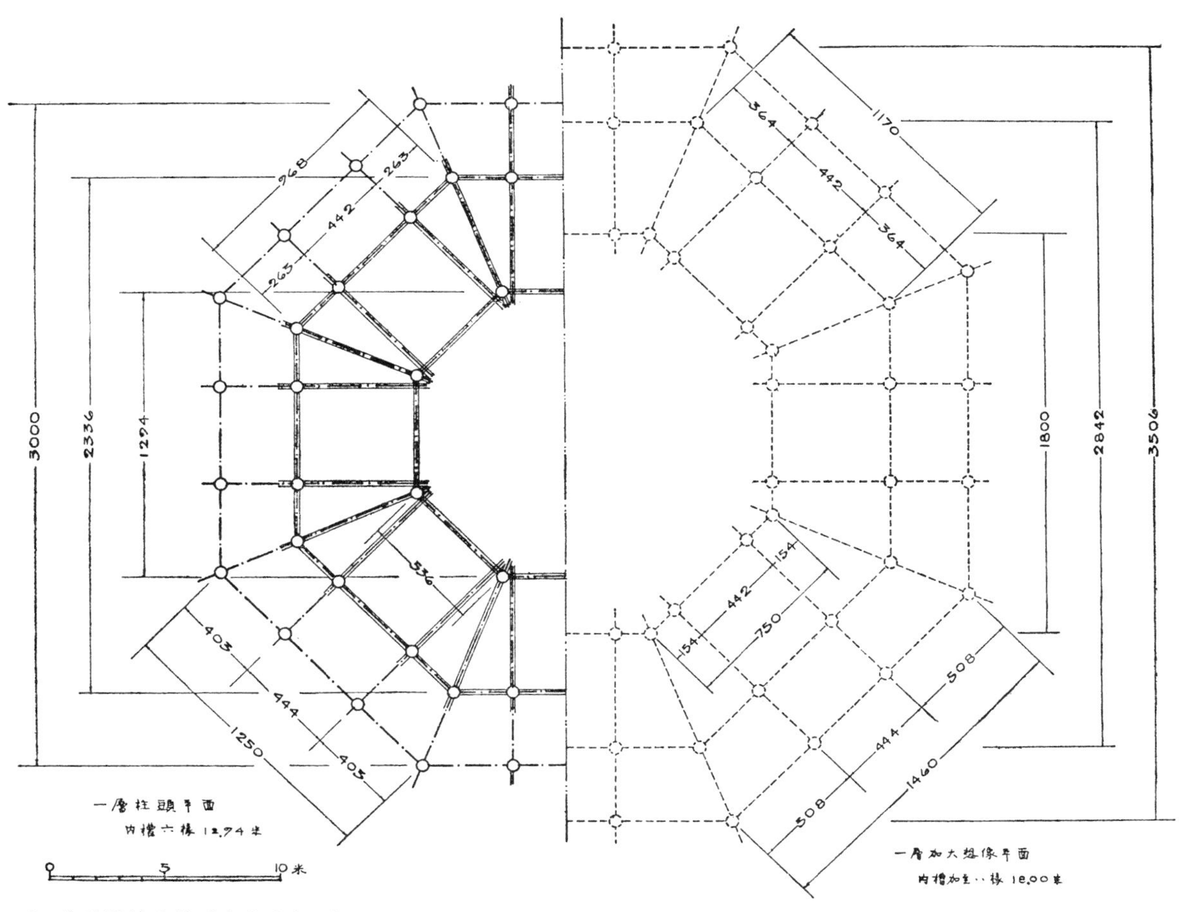

插图二〇 平面设计比较图（陈明达绘）

示，假定内槽直径增至八椽 18 米，则全塔建筑面积将增加 45%，工程规模亦随之增大。而内槽面阔需增至 7.5 米，明间宽度仍按 4.42 米，即必须分为三间，否则外檐乳栿尾距角柱过远，不如现在做法坚固，如加柱分为三间后，次间面阔仅约 1.54 米，与明间比例极不恰当，成为势难兼顾的局面。副阶通面阔则将增至 14.6 米，如分为三间，次间宽约 5.08 米，大于明间，如分为五间，梢间间广又过狭，结构亦均不及现状紧凑。可见平面尺度，是全面研究了实用要求、结构、立面等因素和工程规模之后，才决定的。

从实际情况看，当时设计者显然是把塔的规模控制在内槽面阔一间、外槽面阔三间、用 25.5 厘米 ×17 厘米材的范围之内的。实测第一层外槽每面通面阔 9.68 米，明间 4.42 米，次间 2.63 米，直径 23.36 米。外槽深（乳栿长）5.21 米，内槽每面面阔 5.36 米，直径（六椽栿长）12.94 米。这些数字与上列各辽代建筑相比较，都在当时常用的尺度之内。在用料方面，如将一层六椽栿按每尺 0.329 米折成宋尺[①]，长为三丈九尺四寸，恰好合于《营造法式》中的“长方”规格[②]。

至于外槽间广的分配，显然是考虑整个结构坚固的结果。例如第一层内槽面阔 5.36 米，外槽如将明间也定为 5.36 米，其结果将使外槽两条乳栿、一条角乳栿的后尾总交于内槽转角中点上。这种做法，在长方形平面建筑的转角铺作上相交的各个构件，需要开成三条木料相交叠的榫口，每条木料上榫口占高度的 2/3，留下 1/3。在八角形平面建筑的转角铺作上，就变成五条木料相交，榫口占高度的 4/5，只留下 1/5。不但施工困难，而且很不坚固。所以它使外檐明间小于内檐明间。

总之，平面尺度是在当时的习用数字范围之内，确定了用材等第，结合八边形边长与直径的关系及较经济的用料规格而决定的，也是在预计规模之内所能做到的最大尺度。

全塔五层平面既然都是相似形，决定任一层平面的尺度后，其他各层只需按照侧脚和每层收放尺寸计算，自不难确定。从下至上每层逐渐缩小，首先是从结构的稳定

---

① 矩斋:《古尺考》,《文物参考资料》1957 年第 3 期。

② 李诫:《营造法式（陈明达点注本）》第三册卷二十六《诸作料例一・大木作》，浙江摄影出版社，2020，第 63 页。

性着想，也同时兼顾到外形，成为取得全塔轮廓的基础。

所用侧脚以第二层平坐外檐柱及第三层内槽柱最大，达 8%。四层外檐及二、五层平坐内槽无侧脚，应是借此调整间广及外形轮廓的缘故。各层平坐向内退缩，如按实测数折合宋尺为：二、三层平坐直径，各较下层柱头收进二尺，四层收进二尺三寸，五层收进二尺八寸，是向上递增的数字。

三、立面构图

建筑物的立面外观，集中地反映了类型、结构体系、风格等各方面的特点，自然也反映了时代的特有风格。对于立面构图的研究，将帮助我们更深入地了解各时代建筑的特色。研究这一时期的建筑，虽然有一本时代相差不远的著作——《营造法式》可供参考，可惜它有一个很大的缺点，书中没有提到整个立面或断面的设计方法，甚至对建筑的柱高都缺乏充分的说明。而从实测很多辽代建筑物的结果，可以确信辽代建筑的立面有完善的构图。当时匠师设计必有一定方法，而不是机械从事或任意为之的。现在我们要追究这一方法，也只能从实测结果中去寻求线索。这是一项需要耐心持久的工作，往往在图纸上探索终日，经过无数次反复推求而一无所获。在这里我不想把这种探索过程一一列举出了，只举出其中一个较为合理的现象，供继续探索这一问题作参考。

总高　塔的总高是如何确定的，在姚承祖的《营造法原》中有这样一句：

> 测塔高低，可量外塔盘外阶沿之周围总数，即塔总高数（自葫芦尖至地平）。[1]

姚氏是以南方建筑为根据的，与北方不尽相同。但姚氏数代家传营造术，这句话应当有其传统意义和根据，至少使我们知道塔周围数与总高度有一定的关系。因此，试就此语推寻，所谓测塔高低可量塔周围总数，以正八角形论亦即每面总面阔的八倍等于塔总高。据实测，各层总面阔的八倍为：

副　阶　12.53 米 ×8=100.24 米

[1] 姚承祖原著、张至刚增编《营造法原》，中国建筑工业出版社，1959，第 95 页。

第一层　9.83 米 ×8=78.64 米

第二层　9.31 米 ×8=74.48 米

第三层　8.94 米 ×8=71.52 米

第四层　8.47 米 ×8=67.76 米

第五层　8.02 米 ×8=64.16 米

其中以第四层之数较为接近总高，但并不能看出其间有何紧密关系，况且只有一个总高，仍然解决不了全部立面设计的问题，可以说这是些无用的数字。

其次，在实测全塔各部分高度的数字中，发现了一些颇有意义的数字［实测图 3、16～19］。自第一层阶基地面上至刹尖，可以分为七段：

第一层外槽地面至普拍方上皮　高　8.85 米

第一层普拍方上皮至第二层普拍方上皮　高　8.83 米

第二层普拍方上皮至第三层普拍方上皮　高　8.82 米

第三层普拍方上皮至第四层普拍方上皮　高　8.84 米

第四层普拍方上皮至第五层铺作替木下皮　高　8.83 米

第五层铺作替木下皮至塔刹砖座上皮　高　8.83 米

塔刹砖座上皮至刹尖　高　9.91 米

前六个数字最大差数 3 厘米，不及宋尺一寸，平均为 8.83 米强。后一数字为平均数的 $1\frac{1}{8}$ 弱。如以每段平均数 8.83 米计，自第一层外槽地面以上至刹尖，为平均数的 $7\frac{1}{8}$ 倍。又阶基高自第一层外槽地面以下至阶基方座下地面为 3.76 米，其中八角座高 2.10 米，方座高 1.66 米（均包括散水在内）。但塔四周地面四向有显著坡度，方座南月台南面至地高 2.02 米，再加散水高共 2.30 米，较方座高度多 64 厘米。故阶基总高如计至南月台南地面，应为 4.40 米，又恰为 8.83 米的 $\frac{4}{8}$，即 0.5 倍弱。如是，全塔高度应当是 67.31 米（过去我们计算到方座下地面为 66.67 米是不正确的）[①]。还请注意各段高度，是计至普拍方上皮，以下各有关高度也是如此。这就是说柱子的设计高度应包括普拍方在内。

---

① 66.67 米为 1933 年中国营造学社测绘分析数据。

现在，再来查考一下各层面阔的实测数字，发现第三层柱头面阔正好是 8.83 米。这与其说是偶然的巧合，不如说正是我们要寻求的设计塔的关键数字，或者说是标准数据（此数折成宋尺为二丈六尺八寸）。即各段高度系以第三层柱头通面阔为标准，全塔高度是按此数的 $7\frac{5}{8}$ 倍设计的［插图二一］。按 8.83 米 $\times 7\frac{5}{8}$=67.32875 米，与实测 67.31 米只有 1.875 厘米之差。如果考虑到木结构建筑物本身精确度的极限、木材干缩以及测量误差等因素，这个差数实在微不足道，甚至可以认为是十分精确的。

上述塔高为三层柱头面阔的 $7\frac{5}{8}$ 倍，与《营造法原》所说“周围总数”既相差不远，又和各层高度有密切关系，因此可以认为“周围总数”是概略的说法，不是硬性的规定。正如《营造法式》所说“柱高不越间之广”一样，给设计者一个准则，又留有伸缩余地。其次姚氏所说“周围总数”是以“塔盘阶沿”为准，此塔是以第三层柱头为准，似可理解为因砖木结构不同或层数不同，以哪一层为准，又有不同的标准。

各段高度　如前所说 8.83 米是设计塔的标准数据。全塔阶基以上分七段，一至四段都是量到普拍方上皮为 8.83 米，只有第五段是量到铺作出跳上替木下皮，亦即塔身一至四段同高，而减低了第五段的实际高度。当然这是为了取得逐层收小的总轮廓线，必须逐层减小宽度和减低高度的缘故。问题在于它缩减的依据是什么？各层立面分为平坐、塔身、屋面三部分，这三部分的高度是如何决定的，以及它们相互的关系是怎样的？

第一层副阶柱高实测 4.26 米，加普拍方 17 厘米为 4.43 米，约为标准数据的一半。自一层普拍方以上各段，每段又分为下层檐柱普拍方上皮至平坐普拍方上皮（即下层斗栱及屋面部分）及平坐普拍方上皮至檐柱普拍方上皮（即平坐斗栱及檐柱部分）两“份”，各段实测数如下表：

	下层檐柱普拍方上皮至平坐普拍方上皮高（米）	其中平坐柱高（米）	平坐普拍方上皮至檐柱普拍方上皮高（米）	其中檐柱高（米）	合计（米）
第二段	4.25	1.63	4.58	3.03	8.83
第三段	4.27	1.65	4.55	3.01	8.82
第四段	4.29	1.62	4.55	3.00	8.84
第五段	3.61	1.35	4.12	2.90	7.73

插图二一之① 释迦塔立面构图分析（陈明达绘）

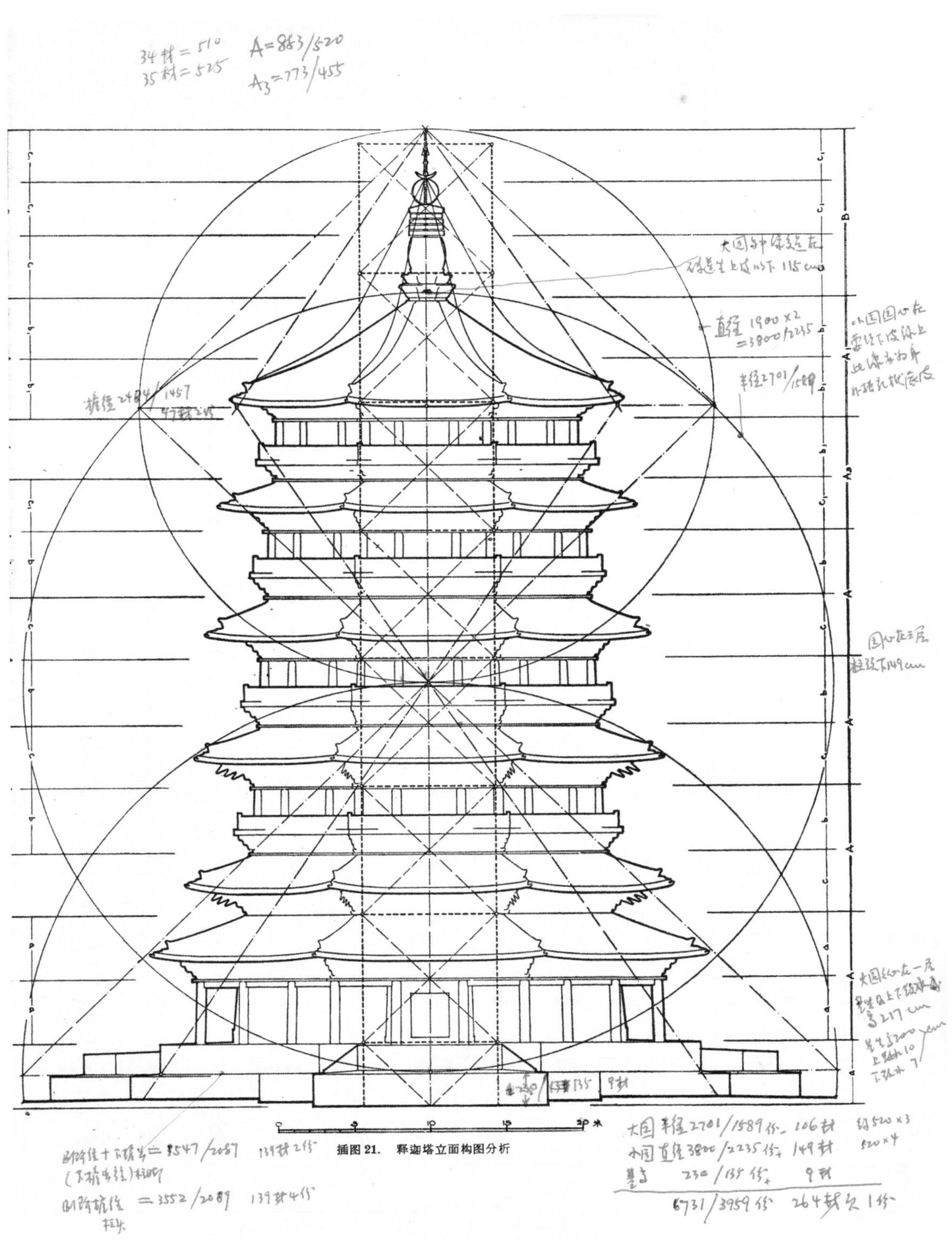

插图二一之② 释迦塔立面构图分析（陈明达绘、批注）

由此可见二、三、四段各相当于“份”的高度，相差仅 2～4 厘米，可说是基本同高，只是将第五段的实际高度减低了$\frac{1}{8}$。各份高度的分配是：下一层斗栱屋面高度小于平坐斗栱加檐柱的高度，相差数如以材份计，是一材至一材四份，第五段相差大一些，将近两材。又二至四层檐柱高最多相差 3 厘米，也是基本同高的。第五层檐柱减低了 10 厘米，但减去普拍方阑额后仍有 2.37 米，足敷安装门的高度，但也不能再低。可见在高度设计时檐柱高度保持不变或少变，需要减低总高时，是以减低不影响使用需要的斗栱屋面高度为主的。

又第五层檐柱普拍方上皮至砖刹座束腰上皮高 8.28 米，接近于第五层平坐塔身高度 4.12 米的两倍。砖刹座下皮至相轮下皮高 4.29 米，与三层斗栱屋面高度相等。相轮下皮至刹尖高 7.27 米，约为四层斗栱屋面高 3.61 米的两倍。归纳上列各项高度数据，并用符号表示，得到下列现象：

a=4.42 米（约合宋尺 13.4 尺）=$\frac{1}{2}A$= 副阶柱标准高度

b=4.55 米（约合宋尺 13.8 尺）= 平坐斗栱加塔身柱的标准高度

c=4.28 米（约合宋尺 13.0 尺）= 外檐斗栱加屋面（即平坐柱）的标准高度

b_1=4.12 米（约合宋尺 12.5 尺）=b 减缩后的数字

c_1=3.61 米（约合宋尺 11.0 尺）=c 减缩后的数字

A=8.83 米（约合宋尺 26.8 尺）=$2a=b+c$= 第三层柱头通面阔 = 各设计段的标准高度

A_1=8.24 米（约合宋尺 25.0 尺）=$2b_1$= 五层屋面高度 =A 的第一种减缩高度

A_2=8.16 米（约合宋尺 24.8 尺）=$b+c_1$=A 的第二种减缩高度

A_3=7.73 米（约合宋尺 23.5 尺）=b_1+c_1=A 的第三种减缩高度

B=11.50 米（约合宋尺 34.9 尺）=$c+2c_1$= 刹高

把这些符号注在图上，可以看到一个明显的规律和节奏，有两种写法如下（即插图二一左面和右面所标注的）。

甲式	a	$a+a$	c	$b+c$	$b+c$	$b+c_1$	$b_1+b_1+b_1$	$c+c_1+c_1$
		A		A	A	A_2	A_1+b_1	B
乙式	a	$a+a$	$c+b$	$c+b$	$c+b$	c_1+b_1	b_1+b_1	$c+c_1+c_1$
		A	A	A	A	A_3	A_1	B

以上数值与实测数核对，只有五层屋面及刹一段实测为19.84米，较A_1+B=19.74米差10厘米，其他各数可说全部吻合。产生差数的原因是很多的，尤其这一段屋顶举折高度在测量上极难精确。但如以全塔高67.31米，只产生10厘米的误差——即0.149%，是不应当因此否定全部数字的规律性的。

综上所述，塔的高度是根据数学的规律设计的，具体地说是a、b、c三个基本数值和b_1、c_1两个变异数值的有规则的组合。由于$2a=A$或$b+c=A$，这一标准高度和平面（即宽度）有紧密的联系，又使全部立面构图也具有数学的规律，而获得了比例严密的有节奏的外形轮廓。

数学的规律，从来就和几何规律有密切关系。例如A为三层柱头面阔，则约2.415A等于三层柱头直径，而$7\frac{5}{8}A$（即7.625A）为其3.157倍，接近于π。亦即如以三层柱头直径为圆径，则塔高接近于此圆的圆周长度。《营造法原》所谓的周围数，也可作八角形平面的内切圆周解释。又自塔阶基八角座底至五层檐口、自五层檐口至刹顶，各作一对角线，则此二线为平行线。且此两线的交点，正在第三层塔身中部。自此交点至阶基下层上皮与自此交点至塔刹之比，恰为$1:\sqrt{2}$。恐怕都不是偶然的现象。

塔的外轮廓线是一条向内递收的折线，已详前节原状讨论中。这个轮廓线是以从下至上逐层向内收小和减低为基础而取得的。高度的节奏、平面的收小，亦已详以上各节，不再重复。而在立面图上，各层正面与斜面的比例是10∶7（古代木工概略算法，八角形径60，每面25），这虽是八角形的规律，同时又是古代习惯用的明次间面阔比例之一种。

全塔除副阶外，各层都没有当时习用的生起，只在各缝槫上加生头木。恐怕是因为层数多、结构施工较复杂而省略了这一措施。就立面效果看，因为有生头木，檐部仍保持着辽代建筑舒展的趣味。

塔刹的宽度，仅仅发现砖刹座直径3.73米，与第五层明间面阔3.68米接近，没有找到其他构图的依据。

四、断面［实测图 2、16、17］

这里要讨论的是断面图上看到的平坐、檐柱、斗栱、屋面的高度和出檐，以及内部空间处理两大问题。结构部分将在下节中讨论。

高度及出檐 副阶自地面至脊总高 8.83 米，角柱高 4.42 米，为总高的 1/2，略小于明间面阔 4.47 米。副阶屋面是一面坡，相当于两椽深，亦即相当于四椽屋的高度。可以认为四椽屋立面高度比例是：柱高占总高 1/2，斗栱屋面占总高 1/2。又第五层平坐檐柱高 4.12 米，而檐柱以上至脊下第二缝（即相当于四椽屋的屋脊位置），高亦约 4.12 米，不但也符合上述四椽屋比例，而且从而知道楼屋上层檐柱的设计高度是包括平坐斗栱在内的。

前在立面构图分析中，已经指出二至四层各层平坐檐柱高度大于斗栱屋面高度，而不是如副阶的各占 1/2。这是因为二至四层屋面只一椽，是两椽屋而不是四椽屋的高度，当然屋面部分低一些。但更重要的是这几层檐柱的设计高度减去平坐（副阶无平坐）、普拍方、阑额后，必须有合乎使用要求的净高，以便安装门扇，因而檐柱设计高度必须较副阶柱增高。

二至四层各层斗栱屋面高 4.25～4.29 米在平坐、檐柱高度确定后，此数已无伸缩余地。而各层出檐（本节及下节所称出檐，是自柱中算起，包括铺作出跳在内）依轮廓线的要求，深浅不同，必须增减铺作出跳数以相适应。铺作出跳增减后，铺作高度即随之增减。如何在固定高度内容纳出跳深度、高度不同的斗栱、屋面，是断面设计必须解决的重要问题。

如何解决这个问题呢？我们以第二、三层的分析为例。第三层出檐共 3.58 米，用六铺作出三抄长 1.18 米，椽飞悬挑 2.40 米。而第二层出檐共 3.74 米，如仍用六铺作出三抄，椽飞尚需悬挑出 2.56 米，在结构上已不安全。所以第二层改用七铺作出跳 1.80 米，椽飞悬挑 1.94 米。同时，此层檐原即较第三层檐深远，屋面已较平。铺作增加一跳，高度即需增加一足材，屋面将更加平缓。在这里看到的解决办法是铺作不用出四抄做法，而用出双抄双下昂做法，使出跳较六铺作增长，高度却和六铺作相同，同时再略微降低举高。依此类推，第四层是比照第三层减一跳而增加举高，第五层是比照第四层减半跳，逐层确定出跳、铺作做法、举高、椽飞悬挑长度等，以适应轮廓线［插图二二］。

内部空间［插图二三］ 全塔各层外槽平棊方均在第二跳缝上，补间铺作一律出两跳。内槽平棊方高于外槽平棊方一足材，铺作一律出四跳。如是，就使各层内部空间在构图上具有一致性。

若塔内各层全部使用平闇，根据第一、五层平棊位置，它是安装在乳栿之上的。由平闇所组成的小方格是十分整齐的构图，同时也会产生单调乏味和无止境的重复之感（如是平棊则更觉平板）。但是显露在平闇之下的乳袱，却打破平闇的单调而产生错综的节奏。内槽既比外槽广阔，空间高度需相应加高，才能与外槽相协调。所以内槽平闇位置高于外槽，而藻井就更高一些，这都是出于艺术处理的要求，但并未影响结构，亦不多费工料。

乳栿与铺作的结合方法，使乳栿之下必须至少有一跳华栱（详“结构”），乳栿高约两材，其上才是平棊方，也就是平闇最低需在柱头铺作斗口以上四材三栔的位置。内槽平闇既比外槽高一足材，这就确定内槽转角铺作外转七铺作出四跳（我在本文中，一律将内槽铺作向塔心出跳的一面称作外转，向外槽出跳的一面称作里转。这样就更明显地看到，外檐及内槽铺作的里转正在外槽两侧相对，做法也基本相同）、里转四铺作出一跳的做法。在这种情况下，如遇外檐出跳数多、乳栿下需用华栱两跳的情况，此时如内槽铺作里转，亦于乳栿下用华栱两跳，则外转就必须出五跳，才能使内槽平闇高于外槽平闇。而如此做法，就会使全塔内槽失去构图的一致性，并且还要增加工料。解决这个问题的办法是，将内槽柱增高一足材，而无须

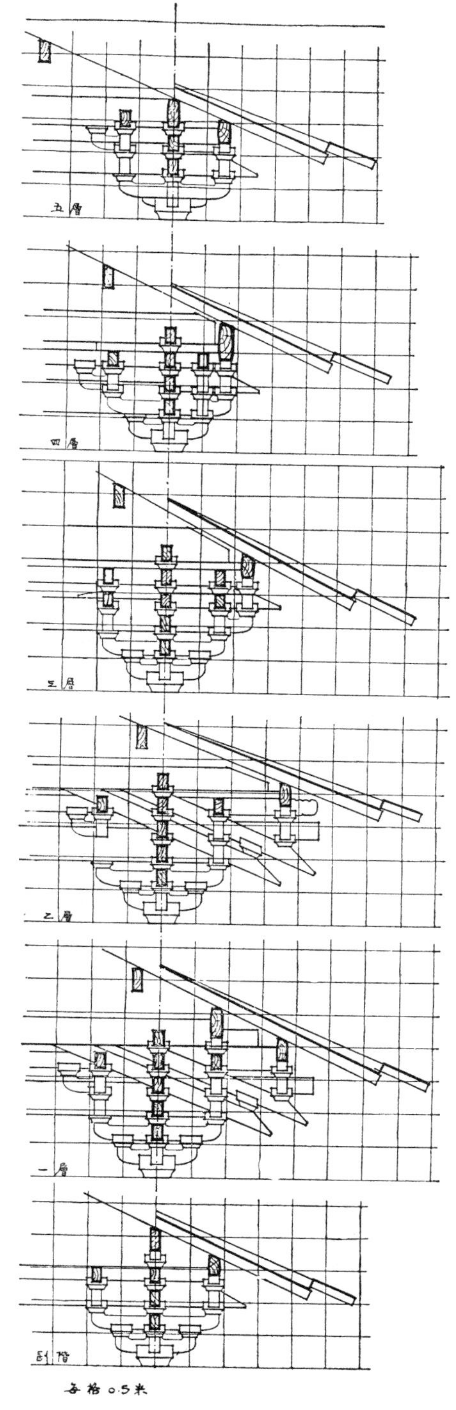

插图二二 释迦塔各层斗栱出跳及高度比较图（陈明达绘）

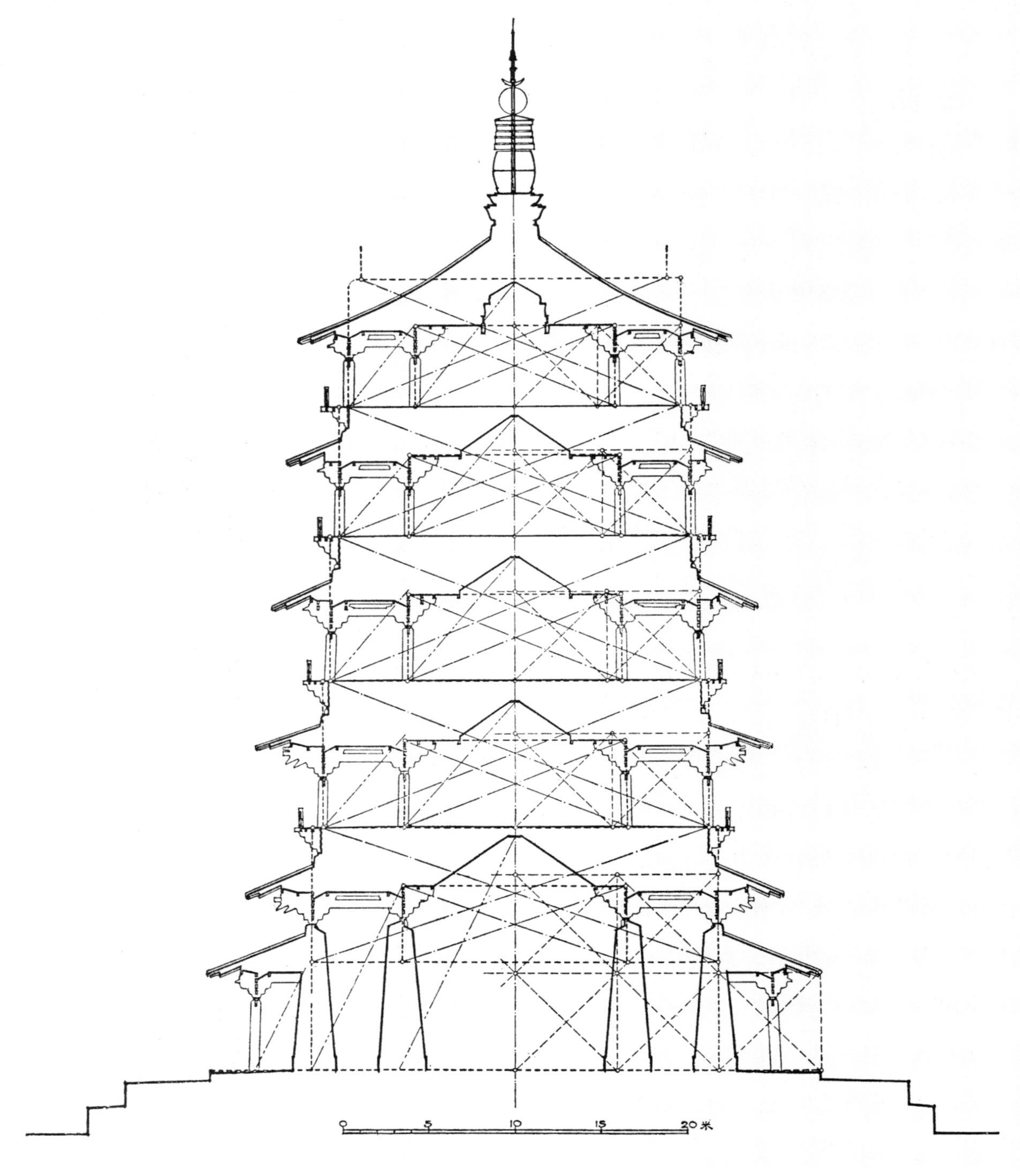

插图二三　释迦塔断面构图分析（陈明达绘）

多费工料。因此，就产生了内槽柱高于外檐柱一足材的做法，如一至三层所见。到第四层内外槽出跳数相当，故内外柱同高。所以内外柱高度是由内部空间构图决定的，并不是结构的差别。但在此种结构方式下，柱高相差一足材，已是最大极限。

其次，是藻井的高度。藻井只保存着一、五两层，一层藻井直径 9.48 米、高 3.14 米，高宽比为三分举一，又恰好与上层楼板保持着一定距离。五层藻井高宽比与一层大体相同。就藻井本身，找不出它的高度是如何确定的，但自各层内部空间的关系上，发现一个共同现象，即自檐柱脚中点至内槽柱斗口上第五材上皮中点作一对角线，此线约略穿过外槽峻脚椽中部［插图二三］。又自内槽柱脚中点与此线作一平行线并延长之，其另一端恰好落在藻井的中点上。这就是说在外槽看峻脚椽中部与在内槽看藻井中点的视线角度相同，由此决定了两个不同大小的空间在比例上相似，从而予人以和谐之感。应当认为当时的设计者对内外槽空间处理是有明确的权衡的。前于原状讨论中，就是按照这个方法，拟出二、三、四层藻井。

至于在实测断面图上看到的，第二、三、四层外槽楼面向外倾斜（如同地面散水），现在还无法解释。但由于第五层楼面仍归平，可以肯定不是由于沉陷走动而产生的变形。

最后，再提出一个纵断面图上发现的现象。即自内槽柱脚中点至对面柱头上第五材上皮中点作一对角线，再自外檐柱脚中点作一线与之平行并延长之［插图二三］，此线恰好与上层相对的外檐柱脚中点相交（第一层外檐柱对角线的起点在副阶斗口上六材五架的水平线上）。因此，这条线指出了上层平面应收进的数字，表达出平面与断面、立面的关系。然而，这个现象现在还得不出进一步的解释，是否可靠尚有待商榷。

上面所述多属细部处理问题，从整体构图上看，在断面图上也找到一个共同现象。即外檐檐柱缝通高（自地面或楼面至椽底皮）约为本层直径的 1/4，平闇高度低于此数，藻井高度高于此数［插图二三］。副阶自一层檐柱心至阶头深，及自地面至檐口高，均恰为一层直径的 1/4。一层外檐檐柱缝通高较以上各层多一倍，为一层直径的 2/4。但从图上又可看到这并不是严格的标准，实际情况各层均略有出入。似内部空间设计除了适应平面、立面外，同时又是在此大致范围之内逐项解决各种局部和具体问题，使全部构图臻于完善。

五、小结

释迦塔采用楼阁式，是决定于实用要求、财力、物力、技术等条件。这种最富于民族特点的楼阁式塔，是汉代以来重楼形式的发展。由于一般楼阁多是长方形或正方形，此塔是八角形，因而它的外观、结构较一般楼阁更加复杂，设计工作分外繁重。

全塔立面，以第三层柱头面阔为标准数，定总高为其 $7\frac{5}{8}$ 倍。最下阶基高为标准数的$\frac{1}{2}$，以上分为七段，下六段各等于标准数，上一段为标准数的 $1\frac{1}{8}$ 倍。自下至上第一段均分为两份，下一份为柱高，上一份为斗栱屋面高。第二至第四段，亦各分为两份，并令下一份小于上一份约一材至一材四份，下一份为下层斗栱屋面高，上一份为上层平坐斗栱及檐柱高。第五段上面留约三材三栔为第五层斗栱分位，所余数亦如上法分为两份。第六段为第五层屋面及砖刹座，第七段为塔刹。每一段的高度是固定数字，每段中细致划分，在进一步设计时均可略作伸缩。如斗栱高与屋面高的划分，可根据出檐长短采用不同做法的斗栱或调整举高作出决定。但平坐高度的变动需不影响其挑出最小宽度，柱高则需保持有最低净空（门高）。至于第五层以上及刹的细部高度，据立面分析的甲、乙两式［插图二一］，似亦曾根据下层各段细部高度作过调整，故能取得和谐的节奏。

根据各项讨论，还可看到“柱高”“平面”在古代的概念和我们的习惯不同。柱高包括普拍方在内，楼屋柱高包括平坐斗栱及普拍方在内。所以柱的净高，要减去普拍方及平坐的高度。平面是指柱头的平面，不是柱脚的平面。在《营造法式》“殿阁地盘分槽”图中[①]，虽然写为“地”盘分槽，但在图中明确地画出了斗栱的布置，实际是柱头平面。这是可以理解的，因为殿堂结构有了斗栱布置，也就是决定了全部结构做法。而且因为柱子有侧脚，设计时以柱头为准，可以使柱头面阔进深成为整数，同时柱头以上梁、栿、架等有关尺度也随之全为整数，无论对设计或施工，都有很大的便利。

全塔总宽的确定（亦即各层平面直径），与断面有密切关系。内外槽进深、内部

① 李诫:《营造法式（陈明达点注本）》第四册卷三十一《大木作制度图样下·殿阁地盘分槽等第一》，第 3 页。

空间的高度，受立面、八角形边长与直径的关系的制约，又要和结构相适应。每层平面逐渐收小与高度减低，是构成外形轮廓的基础，要求能使外形轮廓取得适当的逐层向内递收的折线。这些相互关系，使得每一数字的确定都必须全面考虑一遍，完成设计相当不易。不过，也有它的方便之处，由于五层都是相似形，只需设计出一层后，其他各层自易解决。

由此又产生了一个问题，当时设计者是从何着手的呢？按照古代匠师的传统“定侧样”[①]，似乎是先从断面设计着手。而在此之前，必须对平面已有大体尺度，对结构也有大致轮廓，并且确定了用材等第，才能着手“定侧样”。这必然要经验丰富的匠师才能胜任。据以上各节分析，第三层柱头面阔 8.83 米，是全塔设计的标准数据。第三层平面尺度，是上下各层的适中数字。其他如用六铺作出三抄，出檐为椽径 10 倍，飞子为出檐 6/10，举高为四分举一又每尺加五分等，都是比较标准的做法。似可推定设计是自第三层断面着手的。

具体的设计工作，应是交叉进行的。设想其步骤是先确定用材等第、平面大致尺度，然后定出第三层柱头平面及断面结构（侧样）。其次，根据第三层面阔定总高、各层平面及高度。第三，定外轮廓线及总断面，最后才完成立面设计。在平面设计中，主要是根据实用要求决定布局及尺度，兼顾结构及用料的可能。立面设计主要是决定总高、各层的主要节奏。断面设计是最繁重的工作，不但要决定结构、内部空间构图，而且全塔由层层逐渐收小形成的外形轮廓，也需由断面设计最后完成。因为各层平面及高度收小，只为外形轮廓定下一个雏形，而铺作出跳、铺作做法、出檐、举高，都要在断面设计时才能最后完成。

全部设计，是按照数字的比例确定的。但是在总体上或原则上虽有规定的数据，在局部上或运用上又都留有伸缩的余地，并且是实用、坚固、美观紧密结合的。通过对释迦塔的分析，可以看到辽代建筑这一突出的特点——缜密的数字比例是经过艰辛劳动取得的。这也是形成辽代建筑风格的主要因素。

[①] 李诫:《营造法式（陈明达点注本）》第一册卷五《大木作制度二 · 举折》，第 112 页。

伍　结构

一、用材、用料

释迦塔用材以25.5厘米×17厘米为较标准的数字，材广厚比为15∶10。按中国历史博物馆藏宋代木矩尺有两种，一种较大，每尺合32.9厘米；一种较小，每尺合30.9厘米。[1] 材份按大尺折算，得宋尺7.75寸×5.17寸，大于《营造法式》所列三等材，而小于二等材；按小尺算得8.25寸×5.5寸，恰为二等材。[2] 但此塔建筑迄今已逾900年，木材因年久干缩，必较原尺寸缩小。故其用材应以大尺计，相当于法式二等材较为合理。栔高11～13厘米，以11厘米最常用，合6.5分材，大于宋式材栔比例。

此塔虽结构复杂，用料甚多，归纳所有用料尺寸，参照《营造法式·料例》[3]，只需六种规格，即敷应用（后代加固材料在外）：

1. 松柱

《营造法式》："松柱·长二丈八尺至二丈三尺，径二尺至一尺五寸（即长9.21至7.56米，径66至49厘米），就料剪截充七间八架椽以上殿副阶柱，或五间三间八架椽至六架椽殿身柱，或七间至三间八架椽至六架椽厅堂柱。"实测各层柱径63至48厘米，一层柱最长，内槽9.05米、外槽8.68米。一般塔身柱长4米左右，平坐柱长3米左右。长柱恰可敷用，短柱可每条剪截成二或三条。

2. 长方

《营造法式》："长方·长四十尺至三十尺，广二尺至一尺五寸，厚一尺五寸至一尺二寸（即长13.16至9.87米，广66至49厘米，厚49至39.5厘米），充出跳六架椽至四架椽栿。"第一层六椽栿长12.94米，各层六椽栿最大断面60厘米×32厘米，正适用此种规格。各层外檐普拍方、阑额三间通用一料，37厘米×17厘米，长度自副阶12.50米至第五层7.98米，部分长度大的，亦需用此料剪截。

---

[1] 矩斋:《古尺考》,《文物参考资料》1957年第3期。

[2] 李诫:《营造法式（陈明达点注本）》第一册卷四《大木作制度一·材》，第74页。

[3] 李诫:《营造法式（陈明达点注本）》第三册卷二十六《诸作料例一·大木作》，第62页。

3. 松方

《营造法式》："松方·长二丈八尺至二丈三尺，广二尺至一尺四寸，厚一尺二寸至九寸（即长9.21米，广66至46厘米，厚39至29厘米），充四架椽至三架椽栿、大角梁、檐额、压槽方，高一丈五尺以上版门及裹栿版，佛道帐所用料槽、压厦版。"实测乳栿、大角梁、平梁最大50厘米×30厘米，栌斗最大方62厘米，均可用此料剪截。

4. 材子方

《营造法式》："材子方·长一丈八尺至一丈六尺，广一尺二寸至一尺，厚八寸至六寸（即长5.92至5.26米，广39.5至33厘米，厚26至20厘米）。"可用以做普拍方、阑额、足材栱昂、槏柱、槫柱、地栿、槫、梯颊等。

5. 常使方八方

《营造法式》："常使方八方·长一丈五尺至一丈三尺，广八寸至六寸，厚五寸至四寸（即长4.93至4.28米，广26至18厘米，厚16.5至13厘米）。"可用以做单材栱昂、方、驼峰、替木、散斗、交互斗等。

6. 椽径

13至17厘米，系一般小料，《营造法式》未列此种规格。

在《营造法式》木料规格中尚有"大料模方""广厚方""朴柱"等，规格更大，为此塔用料中所未有，可见此塔设计力求用料经济。同时又可推想，如释迦塔之类的建筑，还不是当时最大规模的建筑物。

辽宋材料规格，由于经济上的关系，可能大致相同。而由于建筑匠师的师传及习惯不同，也可能有所差异。但是，在作出如上的对照之后，可以明确看到用料规格少是此塔结构用料上的第一个特点。

其次，是所用大料少，一般小料多。全塔所用最大材料为各层六椽栿，计共12条，最长13米，断面60厘米×32厘米。第二为第一层内外柱及第五层四椽栿，共34条，柱径60厘米左右，长不及10米。四椽栿断面60厘米×30厘米，长9米。第三为各层柱子共280条，径均在60厘米左右，但长仅3～4米。又各层外檐普拍方、阑额共160条，长虽达12.5米，但断面仅为37厘米×17厘米。第四为各层乳栿、草乳栿、大角梁，第五层续角梁、递角梁、平梁等，总计328条，长4～7米，断面约50厘米×30

厘米，为使用最多的大材料。除此之外，绝大部分材料均是断面37厘米×17厘米及25.5厘米×17厘米的足材方及单材方。规格愈大的材料使用数量愈少，规格愈小的材料使用数量愈多，用小料建造大建筑物，是结构用料上的第二个特点。

二、斗栱［实测图20～33］

斗栱结构，充分说明了斗栱在全部结构中的重要作用，是结构上的一个主要部分。全塔共用54种斗栱，其中小部分只是稍有差别，如第一层柱头铺作与第二层柱头铺作的差别，只是第一层的华栱头不卷杀，第二层的衬方头伸出替木外做成要头，以及其他各层铺作出跳上用翼形栱或不用翼形栱，横栱长度不同等等。综计此类情况，有第一层和第二层外檐柱头铺作，第二层外檐和第三层外檐四个斜面的补间铺作，第三层外檐四个正面和第四层四个斜面的补间铺作，第一至第四层内槽转角铺作和第五层内槽南北转角铺作，第一、二、四、五层内槽补间铺作，第二、三、四层平坐外转角铺作、柱头铺作等等，均基本相同，在结构上或艺术处理上都只有极小差别。除此之外，尚有36种不同做法的斗栱。为什么要用这样多种不同斗栱呢？现在就分为基本做法和具体做法两个问题讨论。

1. 斗栱的基本做法

又可分为两种：第一种是各层平坐内槽及外檐铺作里转［插图二四］。它的做法是用方木——单材或足材方，沿着内槽各面柱头缝，重叠铺设成八边形圈状体。没有栱方之分，没有出跳，也不用栌斗、散斗。每个角上、每面与外檐柱相对位置及每面当中，各用方与外檐相连接。

连接内外两圈的方子，在柱头、转角位置各用两条，一条在上作铺版方；一条在下，距上一条一栔或一材两栔。两方之间，用短方衬托。在补间位置只用一条铺版方。在方子下面均各用类似出跳的短方衬托，同时也可加强各重叠方木之间的联系。这样就使全层内外两圈结构组成了一个整体，它负担着全部荷载。

所用方木不拘使用地位，有足材也有单材。横向的尽面阔长度，纵向的尽外槽深度。相当于出跳的，不拘长短。用料单纯，做法简单，省去大量工程。不用大料，又节省了大量木材。它是斗栱中最简单的做法，也可说是最基本的做法。它的形式，则

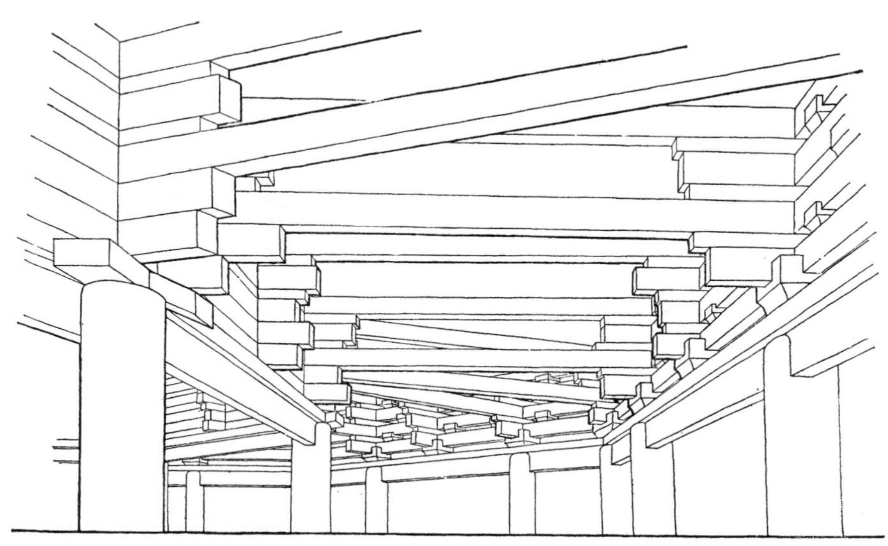

插图二四　释迦塔平坐斗栱做法（陈明达绘）

是未加任何艺术处理的原始形式。这种做法，尤以平坐内槽最为典型。我们在内槽里面观察［图版 104、122］，最能得到明确的认识，与其说是斗栱结构，不如说是井幹结构更恰当一些。

第二种是塔身各层斗栱及平坐各层外檐斗栱的外转［实测图 16、17］。这类斗栱初看很复杂，和平坐内斗栱很不一样，但是只要稍加分析，就能明白它们的结构原则完全相同，都是由重叠起来的方子组成两个大小相套的八边形圈状体，并用方子、栱、乳栿将内外两个圈状体结合成一个整体结构层，可以说是前一种斗栱结构发展改进后的形式。它们的区别则可分为三方面叙述。

一是结构的区别。它有出跳及跳上栱方，并在方与方之间用斗。一般是里转出两跳，第一跳偷心，第二跳上用栱方一缝。外转出四跳，隔跳偷心，第二、四跳上各用栱方一缝。平坐外转用计心。出跳的作用，在外檐是悬挑出檐，在内外槽是悬挑平闇藻井，悬挑距离最大达 1.80 米。跳上横向栱方主要是加强横向的结合。又因为这些栱方与乳栿或出跳榫卯结合的作用，设若内外铺作受到相反力量，有散开趋势时，也能起制约作用，因而它也具有加强内外铺作联系的作用，同时又配合内部空间处理，成为安装平闇或峻脚椽的构件。方子在这种斗栱上不再是直接重叠的做法，改为方与方之间用斗结合。有些方子也不用通长的木料，改用短料——栱，栱方之间也用斗结合。

二是用料的区别。一般栱方用单材，铺作外檐出跳因承受部分悬挑力量，故华栱、角华栱、下昂、角昂等均用足材或材上加栔。由于上层平坐柱子叉立在草乳栿上，而上一层塔身柱子又叉立在平坐柱头铺作上，使塔身铺作结构直接承受上面平坐及上层塔身的重量。乳栿、草乳栿的作用，不同于平坐铺作上联系内外的方子，因而用料特大。

三是形象的区别。这类斗栱，在细部上与平坐内槽铺作的繁简、精粗差异极为明显。如每一朵斗栱有一定的组合方式，栱有一定的长度，栱、昂、斗、驼峰等每一构件都经过艺术加工，有一定的形状和卷杀等等。

总之，全塔斗栱的基本做法，是将每一层的全部斗栱、梁方组成一个整体，是一个八边形中空的结构层，而不是各自单独孤立的许多斗栱。平坐内槽铺作，是较原始的结构形式。塔身铺作是更加完善的形式，各种艺术加工使它具有有节奏的形象，所以，又是结构和艺术相结合的形式。

2. 斗栱的具体做法

又分为适应结构需要、适应构图需要两个问题讨论。

第一，适应结构需要的做法，也就是处于不同位置铺作的做法，即柱头、转角、补间三种铺作。

柱头铺作华栱头里转承托于乳栿之下，乳栿两端又延伸为内外铺作外跳华栱。乳栿上算桯方、草乳栿，也是用同样的结合方式，一层栱、一层通连内外铺作的方或栿，使内外铺作连成整体。又因为要使乳栿出跳跳头正承托在橑檐方缝下，或使乳栿首直接承托下昂底，以保证悬挑部分的强度，就需使乳栿出跳在一定高度的位置上。外檐外跳因悬挑深浅不同，出跳数有多有少，要使乳栿的位置符合上述要求，乳栿之下视不同情况，就出现了用一跳华栱或两跳华栱的做法。

在内槽、转角铺作外跳均出四跳，第二跳是乳栿尾出跳，第四跳是算桯方出跳。第五层因铺作数少，不用算桯方，故第四跳是草乳栿尾出跳。但都是使内槽外跳的第二、四跳用通连内外铺作的整料，以增强内外铺作的结合。

一般建筑柱头铺作是纵向栱、栿与横向栱、方两个方向的构件交叠组成的。转角铺作除纵横方向的构件外，又增加了内外转角对角线方向的构件，而系由三个方向相交叠的构件所组成。在释迦塔八角形平面的特殊情况下，转角铺作更加复杂。因为长方形平面转角处是90°正交，所以正面的横向栱方通过转角中线到侧面时，即为与侧面正交的纵向出跳栱。而八角形正面横向栱方通过转角中线到斜面时，却成为与斜面成45°的斜向出跳栱。在必要时，又需增加正出的出跳栱昂（如一、二层转角铺作）。

由于转角铺作的角乳栿与柱头铺作乳栿同一做法，栿首出跳承于橑檐方交点及角梁之下，使转角部分荷重直接落于角乳栿上，较之宋代由铺作外跳担负荷重的做法稳固可靠。所以辽代建筑转角部分不易发生下垂弊病。

补间铺作是全部结构中的辅助部分。塔身补间铺作，不用通连内外的方子，用跳上出横方的做法联系内外铺作。它们也都有支承悬挑部分榑方中部的作用，以免因跨度过长而下弯。平坐补间铺作的作用，除加强内外铺作联系、加强柱头方之间的联系外，还有承受地面版的作用。

补间铺作位于每间中部，其下并无立柱。所以在栌斗或直斗之下，均加用驼峰，使荷载力较均匀地传递于普拍方阑额上。这种做法在面阔较大或在用直斗的情况下尤为必要，否则亦可不用，如第三、四、五层平坐间铺作下，即不再用驼峰。

在相同位置的铺作，又因具体情况不同而有不同做法。如第五层内槽南北两面四个转角铺作，上承六椽栿。六椽栿位置与外檐乳栿相对，高度在第三跳上。因此，这四朵转角铺作只出三跳，而不是出四跳。又如第一、二层外檐转角铺作，同是七铺作。由于第一层面阔大，所以由柱头方过角斜出华栱四跳，第二跳跳头上又正出华栱两跳，均承于橑檐方下。而第二层面阔较小，柱头方过角仅斜出华栱两跳，跳上正出下昂两跳承橑檐方。

第二，适应断面、立面构图而采取的不同做法，约有四种不同情况。

（1）斗栱出跳数及高度。各层斗栱及屋面的高度，是在总体构图时已确定了的数字。屋面举折虽有伸缩余地，但不能过于平缓。如何在这些条件的范围内，容纳下结构主要部分的斗栱，完全取决于如何调整斗栱出跳深度与高度的比例。从各层铺作所看到的方法是：用不同的出跳数，即用华栱出跳、用下昂出跳、用替木出跳等，使铺作每增加一跳华栱，即增高一足材；或每增加两跳下昂，即增高一足材；或增加一跳替木（第五层外檐铺作）、增高一架［插图二二］等，成功地解决了上面所提出的问题。同时，每一跳的长短、下昂的倾斜度及橑檐方的高度，均尚有伸缩的余地，以备更细致的修饰。斗栱不仅是结构的主要部分，而且能够在各种互相制约的条件下达到结构目的。这应是斗栱结构的特点之一。

（2）斗栱与面阔的关系。斗栱在立面上需分布均匀。例如副阶明次间面阔相差不多，均用补间铺作一朵。其他各层次间窄狭，不用补间铺作，是斗栱分布的基本方式。而各层实际面阔大小不一，如铺作全用同样做法，仍会疏密不匀，使立面各部分有轻重不同之感。为求全部斗栱分布大体均匀，除了调整横栱的长度外，还可改变斗栱的组合方式，加宽或减窄斗栱的宽度，以适应面阔。

面阔小、斗栱较觉紧密时，即将每朵斗栱所占宽度减窄。减窄的办法有三种。一是全朵斗栱用单栱造，使宽度由慢栱长减为令栱长，如第三、五层外檐柱头铺作外转。二是将补间铺作全朵提高一足材，如副阶次间、第一层外檐等。提高的结果，如柱头铺作用重栱，补间铺作必然成单栱；如柱头是单栱，补间即偷心或跳头只挑替木之类。亦即使柱头、补间跳上横栱长短相错。第三种是增加出跳、减去令栱，如第五层外檐柱头出一替木一华栱，华栱上用令栱替木，而补间出一替木两华栱，第一跳华栱头上用翼形栱，第二跳跳头直挑替木。

面阔大，铺作有稀疏之感，即加宽补间铺作。加宽的方法是自栌斗心出60°或45°斜栱两缝，如副阶明间补间铺作的做法。

还有增减并用的方法。如第二层外檐明间补间铺作，因面阔小于第一层而将全铺作提高一足材，提高后又有过于疏松之感，故使用60°斜栱两缝，以增加此两跳的宽度。

（3）斗栱与内部空间构图的关系。如前节所述，内外槽不同高度，确定了内槽斗栱需出四抄，而外槽均只一或两抄。由此形成了外槽空间低小、结构简，内槽空间高大、结构繁的对比效果。

（4）第三层内外槽补间铺作，都是四个斜面上的和四个正面上的各不相同。还有其他斗栱上的细小变化，如用翼形栱或跳头偷心的区别、用耍头不用耍头的区别等等，目的只在于使全塔斗栱多一些花样，无论在结构上或整体构图上意义均很小，可以认为完全出于艺术装饰的考虑。

上面所讨论的两个问题，说明斗栱的具体做法虽然种类甚多，但不能违反基本做法的目的。部分斗栱是完全按照结构的需要做的，因所在部位不同而产生了各种不同做法；部分斗栱的做法是兼顾结构和构图的需要，但仍然是以结构为主导，是在结构的许可范围之内完成构图，并没有因为构图而影响结构功能的做法。

三、结构体系

全塔结构从下至上可分为四部分。最下是砖石垒砌的阶基，高 4.40 米（阶基下基础情况，现尚不详）。第二部分塔身，自阶基上至塔顶砖刹座下，全部用木结构，高 51.14 米，是塔的主体。再上是砖砌的刹座，高 1.86 米。最上是铁制塔刹，高 9.91 米。总高 67.31 米。

主体结构又可分为五层塔身、四层平坐和一层塔顶，共十层重叠的结构。

下九层结构，每一层都是同一结构方式［插图二五］，即用普拍方、阑额、地栿将外檐柱和内槽柱结合成两个大小相套的八角形柱圈。外檐用三间通长的普拍方、阑额

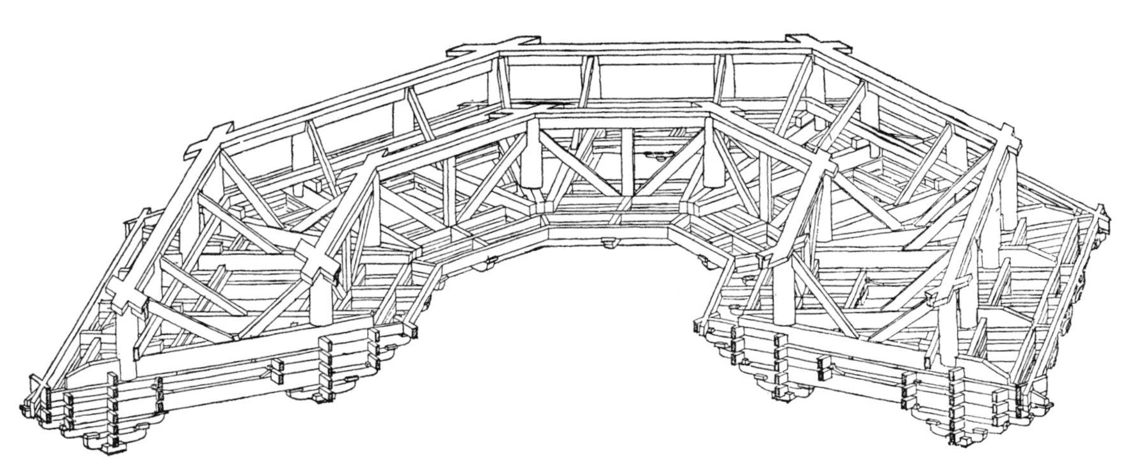

插图二五　释迦塔结构体系示意图（陈明达绘）

及隐藏在墙内的斜撑加强柱圈的强度。全层结成整体的斗栱结构层，即坐于柱圈的普拍方上。柱圈好像是斗栱结构下的长腿，又是组成使用空间的主体。斗栱结构的中央部分成空筒状。在平坐层，即于此部分安六椽栿，上铺地面版。在塔身部分，即施藻井。在塔顶部分，即安六椽栿，承屋面构架。

这种结构方式自成体系。它的特点是，在水平方向明确地分为层次，每一层是一个整体构造。结构错综细致，各方向间有相互制约的关系，而不易变形。虽然上层柱子多是叉立在下层草乳栿或铺作上，但在结构上并非要点。层与层的关系，只是各层整体结构的重叠，因此，不需用通连的长柱，并且十分稳定。这种结构有极大的弹性，特别适宜于大面积或高层建筑物，是中国古代木结构建筑最突出的创造。

塔顶屋面的结构，初看似与一般殿堂不同，但稍加注意就不难看出仍是同一结构原则。它只是比四边形平面的建筑物增加了四根递角栿、四根角梁，使各面槫方在平面上组成八角形。平梁之上不是承受蜀柱叉手，而是承受10厘米见方的铁刹柱。实质上，殿堂结构体系的屋顶构架只是在斗栱结构层上叠垒梁、栿、槫，使之达到设计的屋面举折高度。

塔刹的结构，主要是以刹柱为骨干。刹柱全长14.21米，下端是由放在平梁上的两条方木夹持固定。中部长1.86米，固定砌筑于砖刹座中。上部伸出于塔顶，长9.91米。自下至上套装铁铸仰莲、覆钵、相轮、火焰、仰月及宝珠等。又自仰月下用铁链八条，分别系于各屋角垂脊末端，可以说是很稳定的。

陆　关于建筑发展史的几个问题

一、辽代佛寺平面及空间构图

现知辽代佛寺可供平面布局研究的仅五处，即蓟县独乐寺、大同善化寺、涿县普寿寺、辽庆州佛寺遗址［插图二六］及佛宫寺。

蓟县独乐寺[①]。现存中线上山门及观音阁两建筑，平面上一前一后。布置虽极简单，两个建筑物的空间构图却是十分重要的例证。两个建筑物的距离，是以走进山门后视线恰好看到观音阁的整体轮廓为标准的［插图二七］，即站在山门后檐柱中线上，抬头向上可以看到观音阁檐口上露出屋脊和鸱尾。这种空间构图，也是佛宫寺所采用的手法，可以认为是辽代习用的手法之一。它使人在尽可能短的距离上，得到建筑物的完整形象，而又最大限度地予人以高大宏伟的感觉。这是一种巧妙的夸张手法，过近将看不到全貌，过远将减低对建筑物宏伟高大的感觉。

大同善化寺[②]。中线上是山门、三圣殿、大雄宝殿。三圣殿前两侧有东西配殿，大雄殿前左右有普贤、文殊阁，两侧有朵殿，其间均以回廊相连接。这寺的平面和其他四处完全不同，应属另一种平面布局方式。而且三圣殿、山门、普贤阁已经金代改建或改修，空间构图已不是辽代原状。

涿县普寿寺[③]。中线上是山门、七级砖塔、建筑在高台上的大殿，高台前左右并有配殿，

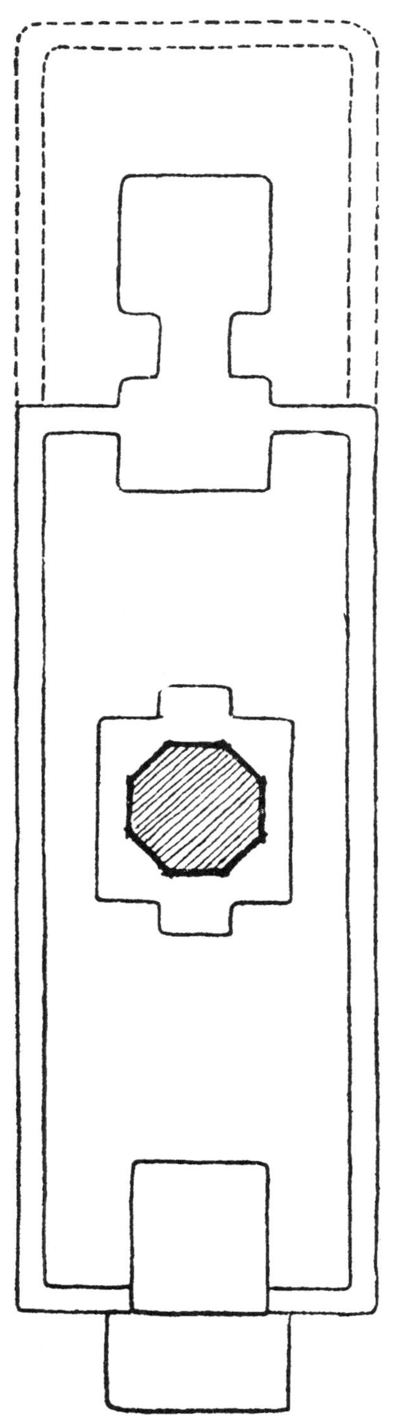

插图二六　内蒙古自治区巴林右旗辽庆州佛寺遗址平面（陈明达摹绘）

① 梁思成:《蓟县独乐寺辽观音阁山门考》,《中国营造学社汇刊》第三卷第二期。

② 梁思成:《大同古建筑调查报告》,《中国营造学社汇刊》第四卷第三、四期。

③ 刘敦桢:《河北省西部古建筑调查记略》,《中国营造学社汇刊》第五卷第四期。

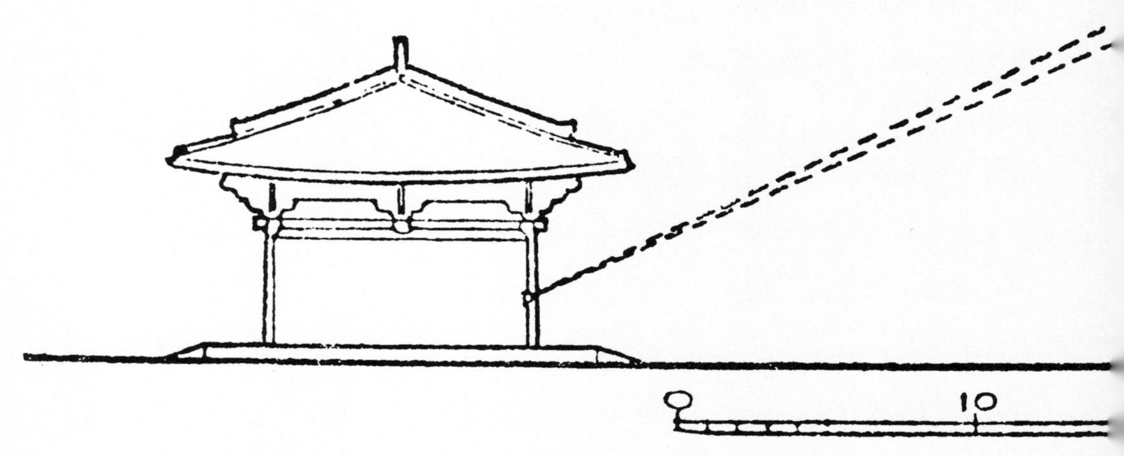

插图二七　独乐寺观音阁与山门的空间布局（陈明达绘）

全寺周以垣墙。此寺只有七级砖塔是金代建筑，但平面布置大体还是辽代情况。

辽庆州城内佛寺遗址。此寺现仅存砖塔，从遗址可以看到全寺中线上，塔前有山门，塔后有两座前后相连的大殿，四周有回廊。

以上两处平面，都是山门内前塔后殿，并周以回廊或垣墙，与佛宫寺塔院平面极为相近，亦应是辽代较普通的平面布局。这种平面的起源很早，至少可上溯至北魏永宁寺。据记载永宁寺“中有九层浮图一所”“浮图北有佛殿一所”“寺院墙皆施短椽，以瓦覆之，若今宫墙也，四面各开一门”。[①] 可见山门内前塔后殿，是早期佛寺的布局形式。所不同的是永宁寺平面可能近于正方形，故四面各开一门；而辽代佛寺平面为纵长方形，只在前面开一门。

① 杨衒之撰、周祖谟校释《洛阳伽蓝记校释·城内》，中华书局，1963，第 3 ～ 6 页。

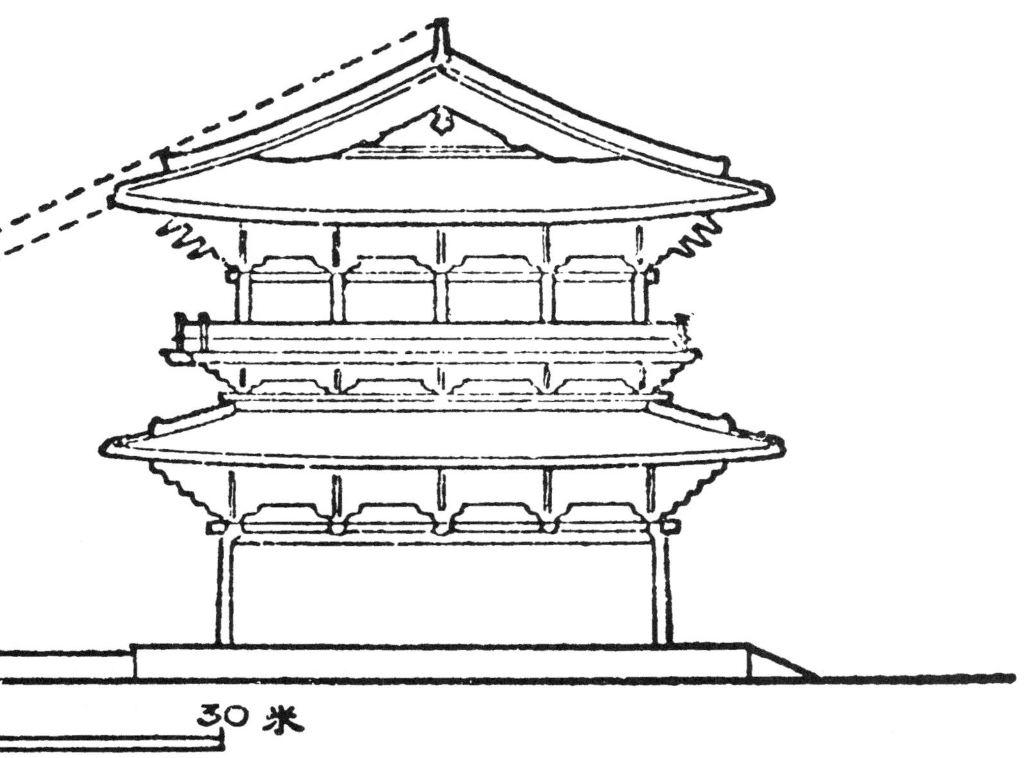

二、释迦塔的形式及构图

在河北、山西、内蒙古自治区及东北各省，保存着很多辽代佛塔。归纳起来，约有五种形式，其中四种是砖建筑，一种是木结构建筑。

1. 密檐式

在辽塔中是最多的一种，如北京天宁寺塔、朝阳凤凰山塔、内蒙古自治区宁城县辽中京大塔［插图二八］等都属此式。这一形式一般比较第 4、5 式略瘦高，密檐重叠但并无重压之感，处理得很自然。

2. 蓟县白塔式

此式以蓟县白塔［插图二九］及房山云居寺北塔最具代表性，它的特点是有一个特

插图二八　内蒙古自治区宁城县辽中京大塔

插图二九　蓟县白塔

别高大的砖砌塔刹。正是这个刹，使全塔带有浓厚的宗教气息。

3. 丰润药师塔式

丰润车轴山寿峰寺药师塔是最好的实例［插图三〇］。塔身以上砌成一个圆锥形大塔顶，塔顶周围砌出重叠九层的小龛。塔身粗短，塔顶重叠的小龛使外观倍加丰富，且与阶基相呼应，组成极富变化的轮廓线。

以上三种都是不能登临的砖塔，第一种甚至砌成实心，显然纯属宗教信仰的对象。

4. 多层式

这是在数量上仅次于密檐式的形式［插图七至一〇］，用砖砌成。塔身内留有转道、踏道，层层皆可登临。外形完全模仿木塔式样，但平坐、出檐及其他木结构细部，由于受砖结构的限制，不能完全如木塔那样舒展。

插图三〇　丰润车轴山寿峰寺药师塔

5. 楼阁式

仅释迦塔一例，是木结构多层楼阁的形式，每一层都有较大的使用面积和高度，外形雄壮安定。舒展的屋檐、挑出的平坐和透空的门窗格子，丰富了立面和外形轮廓，又使这庞然大物并无笨拙之感。

木结构楼阁式塔，结构所占面积小，斗栱出檐较大，既取得轻灵舒展的外形，又最大限度地扩大了使用面积，是为楼阁式塔最大的优点。同时，也正是由于结构复杂，设计和施工都需要有较高的技术水平，施工时间较长（前述开宝寺塔费时八年），所需费用较为浩大等原因，逐渐为砖塔所取代，沿至辽、宋已较少建造。

在辽代各种佛塔形式中，释迦塔选择了楼阁的形式，或与上述优点不无关系。但是更重要的应是出于实用的目的和具体条件。前述各种形式的塔，由于不同的宗教信仰内容，各有其安置佛像的方式。释迦塔的五层中，分别安置了五组佛教塑像——五组互有关系的曼荼罗，或一个主题的五种不同境界的表现。这些塑像需要有一定的空间，塑像周围还要有一定的活动余地，决不是任何一种砖塔所能容纳的。因而它成了选用楼阁式并决定用五层的主要因素。而此塔是辽代帝王贵族出资所建，具有充足的财力、物力，也能选择最优秀的建筑匠师，则是此塔能够建成的客观条件。

释迦塔的形式，虽决定于宗教信仰内容的实用要求，但是这一历史最悠久的楼阁式塔，却如前已论及的，以其最富民族传统的重楼特点，突破了宗教的局限性，成为最富诗意、为人民所喜爱的建筑物。尤其是它的建筑技巧，最为人所赞美。

此塔构图是由一套严整的、成比例的数字所确定。为了完成这个构图，使用了多种多样做法的斗栱，各部分的相互关系处理得恰到好处。可以确信此塔是先在平面布置、立面构图、内部空间处理、结构方式、用料规格等方面有了全面的计划和设计之后才着手建造，并且处处都表现出深远的传统、丰富的技巧。

在构图分析中所得到的初步结果，并不完全是释迦塔所独有的。如独乐寺观音阁上下两层，自下层地面至上层平坐普拍方上皮，及上层平坐普拍方上皮至山面曲脊高，均为 8.80 米，与释迦塔各段高度同一比例。又如四椽屋檐柱高、斗栱屋面高各占总高 1/2，也是辽代独乐寺山门、金代善化寺山门所用的比例。甚至早于它二百七十四年的唐代南禅寺大殿，也是使用同一比例。似乎这一设计手法在唐代就已流行了。

辽代平棊、平闇、藻井的做法，现在有两个完整的实例。一个是独乐寺观音阁，中间藻井用小方椽拼斗六出龟纹，藻井外全用平闇。另一个是下华严寺薄伽教藏殿，在藻井阳马间用背版，上面彩画，藻井外全用平棊。这两例的藻井和平闇或平棊的做法，是相协调的。用拼斗藻井就和平闇相配合，用背版藻井就和平棊相配合。只有这样才能使建筑物的内部具有统一的风格。

所以，古代一些优秀的建筑物，不但是实用、坚固的，而且往往具有优美的外形轮廓。辽代建筑一般都具有端庄稳重的风格。通过前几节的分析，我们知道这个风格不仅仅是用斗栱雄大、出檐深远所能概括的，而是在于它们都有一个完善的外形轮廓。立面、内部空间各部分，有严整的数学规律的比例，有顿挫的节奏。取得这种成就，要归之于它有完善的结构方式和优秀的构图方法，而不是机械地按法式堆砌，或随意拼凑。构图或艺术处理又只是适应实用和结构，并不因此影响实用需要或结构的合理，也无须额外增加装饰工料。

虽然本文中对构图分析的结果还有待进一步研究商讨，但是，可以肯定一点，即全塔建筑构图确实存在着一定的方法，可以深信当时的设计者曾付出艰辛的劳动。在研究辽代建筑风格、构图方法以及在研究古代楼阁建筑的结构、形式等方面，释迦塔是一个关键性的建筑物，是解决某些疑问的钥匙。

三、斗栱的作用及其原始形态

斗栱，在中国古代木结构建筑中是很独特的结构方式。它是怎样产生、怎样发展的，向来就是研究中国古代建筑的一个重要问题。通过对释迦塔的研究，取得了一些新的认识，为解决这个问题找到了新线索。

在宋代建筑中，斗栱的主要作用，一是挑悬出檐部分，二是梁柱间的过渡结构，同时可以缩短主梁的净跨，担负荷重的主体是梁，不是斗栱［插图三一］。释迦塔的斗栱作用，与之有很大差别。在高达60多米的建筑物中，组成整体的每个斗栱结构层是担负荷重的主体，挑悬檐部在这里只是附带作用。由于斗栱是结构的主要部分，同时又要能适应各种不同具体条件，于是又有各种不同做法，使之在运用时有很大的灵活性。一些过去不十分理解的做法，在上面各节讨论中已得到一些初步解答。现在只再着重讨论一下“昂”的作用，以说明斗栱为什么有各种不同做法。

华栱是水平装置的构件，下昂是与地面成倾斜角的构件，两者的作用同是悬挑，何以用不同的做法？由此塔第一、二层与第三层的比较分析，证明用下昂是在于加深出檐，而不增加或少增加高度（也可说是减低铺作总高），以适应整体设计及各部分互相配合的需要。其实这并不完全是新发现，《营造法式》中尚有此种做法的痕迹可寻，即“凡昂上坐斗，四铺作、五铺作并归平，六铺作以上自五铺作外，昂上斗并再向下二分至五分”[①]，亦即降低铺作高度。宋代此种做法仅存表面形式，以致在没有分析释迦塔全部立面构图前，无从理解其意义。

所谓“四铺作、五铺作并归平”，亦即四铺作、五铺作用下昂时不减低高度。现存辽代实物中凡用四铺作、五铺作乃至六铺作的斗栱，如释迦塔第三、四、五层，全部不用下昂。可见在辽代时，不是必要处是并不用下昂的。宋代及宋代以后，由于结构体系的发展，斗栱失去本来作用，对下昂的作用亦已不甚了解，故出现四铺作用插昂、五铺作单抄单昂的做法，视昂为装饰手法，其作用与华栱并无区别。又如蓟县独乐寺观音阁，下檐七铺作出四抄，上檐七铺作出双抄双下昂。同是七铺作，或用昂或

① 李诫：《营造法式（陈明达点注本）》第一册卷四《大木作制度一·飞昂》，第81页。

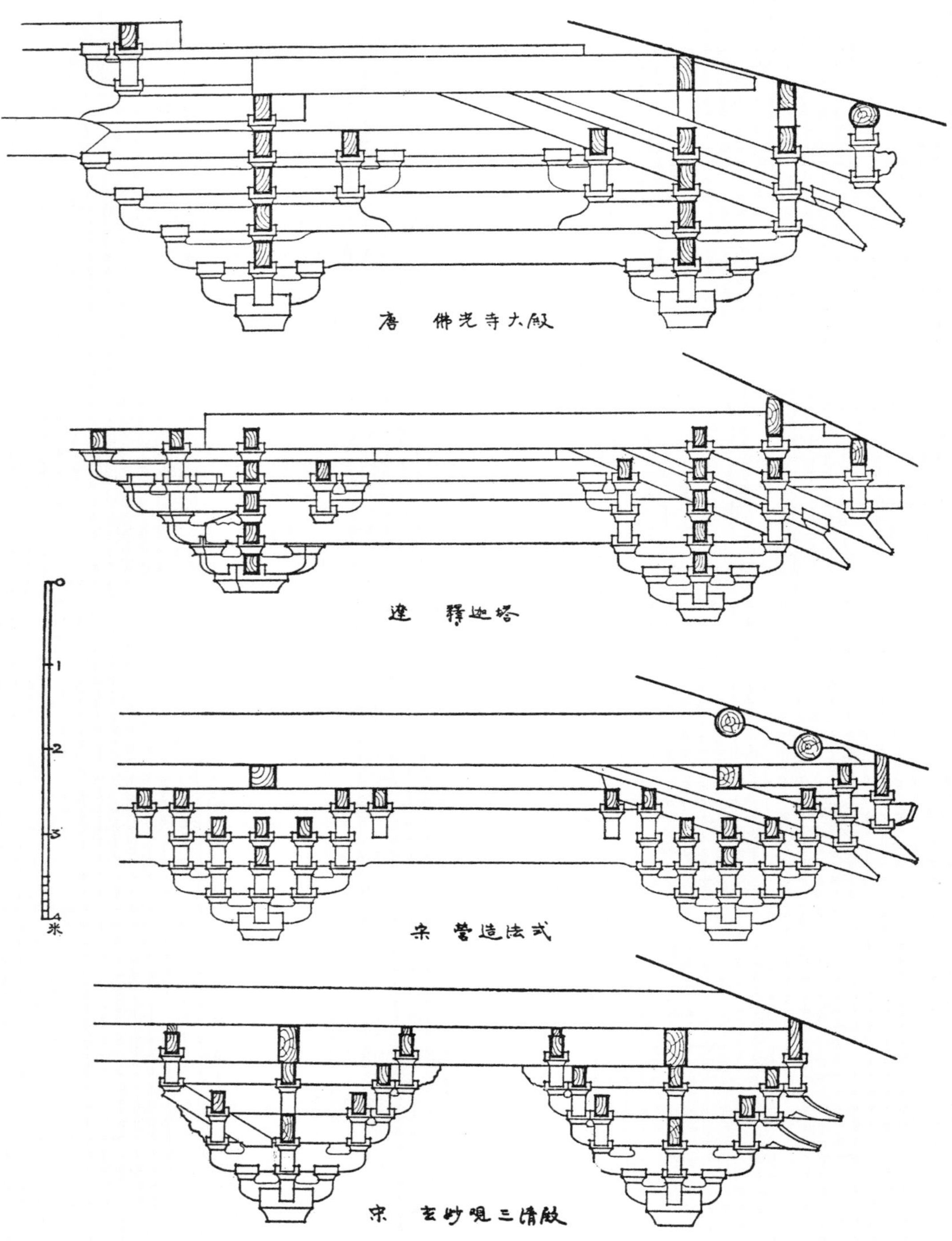

插图三一　唐、辽、宋斗栱比较图（陈明达绘）

不用昂，完全是由有无使用必要所决定的。

更进一步，又可见《营造法式》中所列“上昂”，其原来功能在于只增加铺作高度，而不增加或减少挑出深度。所列上昂做法如七铺作重抄重上昂，传跳共 73 份而“自平棊方至栌枓口内，共高七材六栔”，即七铺作重抄重上昂的高度较出四抄增加了一足材，而挑出深度反减少了 47 份[①]。由此又可对其命名得一解释。《说文》：“昂，举也。”[②] 故下昂即向下举，上昂即向上举之义。

要了解各层斗栱是一个结构整体，可以再分析一下它的发展情况。我们有三个建筑物具有相同的结构，即佛光寺大殿（建于公元 857 年）、独乐寺观音阁（建于公元 984 年）、释迦塔（建于公元 1056 年）。它们的外檐斗栱或内槽斗栱的柱头方是相连成圈的构造，而外檐和内槽每一相对的柱头或转角处的栱、方、乳栿交错相连，又使全部外檐内槽连接在一起成为整体结构。它们仅有一个较重要的区别，即连接外檐、内槽的乳栿断面逐渐增大。佛光寺大殿的乳栿是足材，但由于做成月梁顱进梁底而实际小于足材。观音阁的乳栿，恰为一足材。释迦塔的乳栿，大为超过足材，以致其形象脱离了斗栱。可以理解为，这个发展的要点在于增大本来属于斗栱构件的乳栿。到宋代、宋代以后，乳栿继续增大，同时斗栱用材又逐渐减小，于是从量变到质变。

如插图三一所示，均为七铺作外转出双抄双下昂斗栱，佛光寺大殿里转出一抄，其上栱方交错、联系内外铺作成为一个结构整体；玄妙观三清殿里转七铺作出四抄，梁栿在铺作最上一跳之上，铺作上横向栱方与梁栿也失去联系。因此，斗栱与梁栿是上下重叠的关系，前后左右相制约的关系较薄弱，使铺作成为柱梁交结间的过渡结构。梁栿已成为结构中的主体构件，并且近于简支梁的性质，斗栱仅扩大了支点的面积，而失去原有的作用。梁栿既已成为结构中的主体构件，于是相对地减小了铺作的用材，而加大了梁栿的用材。斗栱逐渐退居于次要的甚至可以不要的地位。处于这两者之间的释迦塔及《营造法式》，正好显示出这种斗栱结构转变过程中的形态。

释迦塔平坐内部铺作的结构方式［插图二四］，是全用方木叠垒，其结构原则与塔

[①] 刘敦桢:《河北省西部古建筑调查记略》,《中国营造学社汇刊》第五卷第四期。

[②] 许慎:《说文解字》卷七“日部”，中华书局，1963，第 140 页。

身斗栱相同，所以可以与外檐斗栱互相结合，两者并用而不相矛盾。此两方式的差异在于：前者是方木直接相叠垒，后者是在栱、方上（即方木与方木之间）增加了斗，使施工时易于适应栱方之间的高度，以调节由生起等原因产生的差距，使构件易于互相密接。另外，还增加了出跳。

方木叠垒的方式，实质上就是井幹结构，这是很显然的。至于出跳，则是悬挑作用。木材的悬挑性能，也是古老的力学发现之一，很多原始的悬臂木桥就是利用木材的这种性能建成的。在我国西北、西南有些兄弟民族地区，还保存着很多悬臂木桥。这种悬挑原理，应用到房屋建筑上来，应是很自然的现象。可见斗栱结构与原始的井幹、悬臂结构有继承发展的关系。它们在结构上一细致、一粗糙，在形象上一个经过艺术加工，另一个不作艺术加工，一是发展改进后的形态，另一是原始的形态。

四、殿堂与厅堂

插图三二　独乐寺观音阁内景（陈明达摄）

《营造法式》卷三十一《大木作制度图样》，所列侧样有殿堂与厅堂之分。究竟这两种式样有何区别呢？我以为是两种不同的结构体系。

释迦塔的斗栱是一个整体结构层，是建筑物的主要结构部分。在它下面是柱圈——支承斗栱的腿，同时是建筑物的使用空间。这就是这种结构体系的两大部分。全塔就是柱圈、斗栱层重叠了十次。重叠起来是它的第一个特点。因为要便于重叠，所以内外斗栱或内外柱圈需要相同高度或高度相差不多。层次分明，是它的第二个特点。斗栱结构层的中央部分是空洞，由于使用要求（而不是结构必需），才在空洞部分架梁栿，铺地面版。中央部分是空洞，是它的第三个特点。要理解这一特点，最好是看一看独乐寺观音阁的内部［插图三二］。这阁的当中，为了要放下一个高达 15 米多的巨像，利用了这种结构的特点，使全阁中央上下三层形成了一个空筒。

在《营造法式》殿堂侧样中，还可以看到的仅是内外柱同高。其他特点，已因宋代斗栱结构不同于辽代以及古代图样精确性不高而很不明显了。在厅堂侧样中，则完全没有殿堂那样的特点。它的主要结构是柱梁，斗栱只在外檐部分和梁栿交结点上使用，既不能成为结构层，自然也没有重叠的可能。许多梁栿的一端直接与柱相结合，内外柱高度可以相差很多。因此，它应属另一种结构体系。

现存辽代建筑中如义县奉国寺大殿、大同善化寺大殿、新城开善寺大殿、宝坻广济寺三大士殿及大同华严寺海会殿等等，都应属厅堂结构体系。[①] 以奉国寺大殿为例［插图三三］，它的明间前檐斗栱上用四椽栿，栿尾交于内柱上，内柱比檐柱高约七足材；后檐斗栱上用乳栿，栿尾也交于内柱上，内柱比檐柱高约四材三栔。用《营造法式》的术语说是：十架椽屋四椽栿对乳栿用四柱。这个断面和释迦塔比较，结构之不同十分明显。

我们看到唐代的佛光寺大殿采用殿堂结构体系，而且已经有很高的水平，可以断

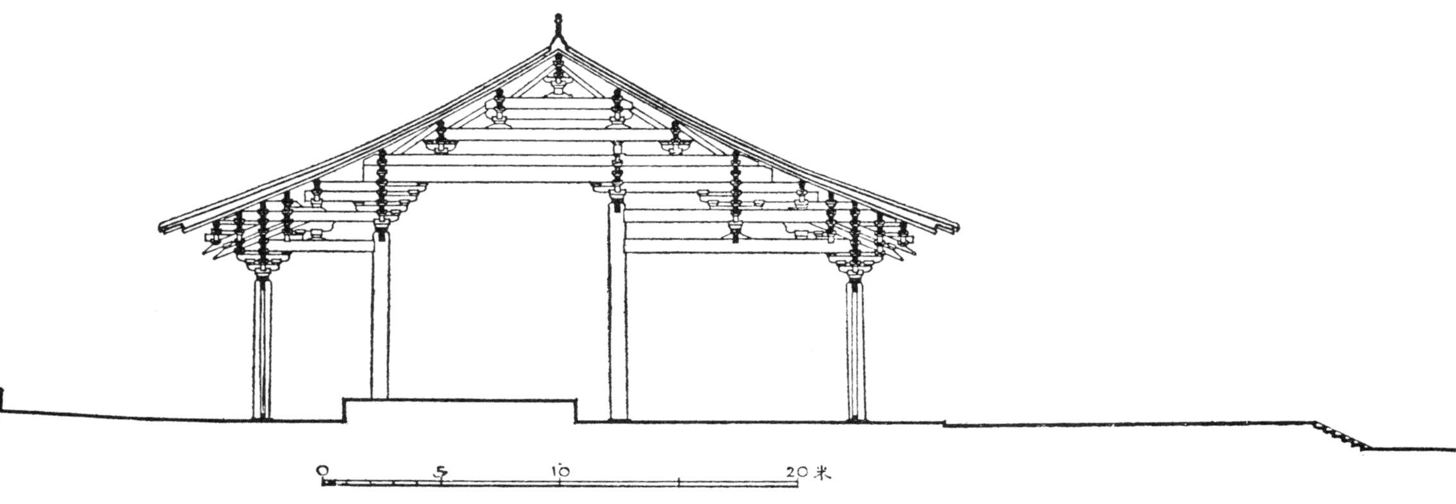

插图三三　奉国寺大殿明间横断面图（陈明达绘）

① 作者的这一观点在日后又有所发展，其1990年出版之《中国古代木结构建筑技术（战国—北宋）》将结构形式归纳为“海会殿形式”“佛光寺形式”和“奉国寺形式”三种。

定，这种结构体系的形成早在唐代以前。而辽代建筑中只有观音阁、薄伽教藏殿和释迦塔尚使用殿堂结构。规模大过佛光寺大殿的奉国寺大殿等，却已改用厅堂结构。似可推断殿堂结构由于设计施工较繁难，在辽已经不是通常使用的结构形式，只有如观音阁、释迦塔之类的高层建筑，还没有新的、更好的结构方法可代替，才不得不仍沿用殿堂结构。在宋如《营造法式》侧样和晋祠圣母殿、苏州玄妙观三清殿之类，则仅存表面形式。

斗栱的原始形态既与原始的井幹结构、悬臂结构有密切关系，以斗栱结构为主的殿堂结构体系，当然也与井幹结构有其继承发展的关系。它是在社会生产发展、科学技术水平提高、建筑规模日益扩大、建筑高度日益增加的形势中，逐渐发展形成的。如果说它在战国“高台榭”“美宫室”时就已创造出了最初的雏形，也许不为过分。而厅堂结构，是由原始的穿逗结构和柱梁结构发展而成，似乎无须多作讨论。穿逗或柱梁结构，是最古老的而且是普通的结构形式，它本来只能建造较小的住宅建筑，但是在斗栱结构发展到一定阶段后，结合应用了斗栱的优点，才得到进一步的发展，成为能够建造大规模建筑物的厅堂结构体系。在辽代各个厅堂结构建筑物中，不难看到它兼有斗栱、穿逗和柱梁的特点。

五、唐、辽、宋建筑的发展关系

宋代建筑除实物外，有一本《营造法式》是现存最古的建筑术书。书成于元符三年（公元1100年），晚于释迦塔四十四年。在实物和书籍互相比照之下，可以看到辽宋建筑有很大差别。

本文中讨论到的建筑组群的空间构图、建筑物的立面构图、内部空间处理、斗栱做法、结构体系，几个最重要的方面，《营造法式》中都没有提到，或者只是个别地有一点规定。例如“假如心间用一丈五尺，则次间用一丈之类”[①]，“凡楼阁上屋铺作或减下屋一铺”[②]，“下檐柱虽长，不越间之广”[③]等，都是有关构图的部分。它只提出要如此

[①] 李诫：《营造法式（陈明达点注本）》第一册卷四《大木作制度一·总铺作次序》，第89页。
[②] 同上书，第92页。
[③] 李诫：《营造法式（陈明达点注本）》第一册卷五《大木作制度二·柱》，第102页。

做，而没有说明为什么要如此做，似乎已经是知其然而不知其所以然。斗栱做法在《营造法式》中是较为详尽的部分，显然它已将斗栱作为孤立的结构，所以其中关于栱、昂的做法，只限于如何加工，保留了早先的外形，而放弃了早先的作用。

有没有辽代的“营造法式”和唐代的“营造法式”呢？根据释迦塔具有精密结构、完整构图，可以断定是有的。而释迦塔的做法既十分接近佛光寺大殿，那么，辽代的“营造法式”又应与唐代的“营造法式”相距不远。

公元916年，契丹首领耶律阿保机统一契丹及邻近各部，建立辽朝，国号契丹。契丹族原是古代中国东北部境内的一个游牧部族，后魏以来，在今辽河上游一带游牧。唐时，其地置松漠都督府，并任契丹首领为都督。当时，契丹还处在奴隶制社会阶段，在文化上受到唐代深刻的影响，以后逐渐占有汉族人口稠密的地区，把大批俘虏到的汉族居民和工匠移居到人口稀少的地方。到五代初，契丹贵族的统治范围已发展到华北地区。契丹族原以游牧为主，往来迁移不定，建筑多为较简单的帐幕；及至政治经济逐渐发展后，更极力吸取唐代文化，并奴役俘虏来的汉族户口——“俘户”从事各种手工业劳动。建筑工程也有了很大的发展，当时的建筑工匠亦多出自此等“俘户”，并且成为世代相传的“匠户”。他们所熟悉的，当然是唐代建筑的做法，而与宋代建筑有较大的差别。

宋代建筑则随政治经济的发展，趋向于较易设计施工、便于大量营建的厅堂结构体系和力求标准化的做法。所以宋代的殿堂吸取了厅堂的优点，局部上或外表上留有唐代做法的形象，实际上已完全改变了它的本质。而厅堂建筑就更加简化，也不同于辽代的厅堂了。在这样的发展过程中，不能兼顾整体构图，亦是必然的现象。

辽宋是同时期的朝代，同是继承唐代文化，它们的差别是发展快慢、多少的差别，并非全无关系。辽代文化虽然受唐代影响较多，但是辽宋在经济上互有往来，关系密切，对建筑材料的生产规格、工限、料例之类势必有较大影响。所以，释迦塔所用木料规格，竟能与宋《营造法式》大体符合。

六、木塔的传统做法

殿堂结构体系，在唐代已经成熟，其创始自然远在唐代以前。应用这种结构体系建造木塔，是不是就开始于辽代？自汉代笮融起浮图祠，至平城、洛阳建永宁寺浮图，预浩建开宝寺塔，是不是应当有其继承发展关系？

在有关古代建筑的记载中，很少对结构方式有具体的说明，唯独对塔心柱的记载较多，似乎塔心柱是古代建塔的重要部分。实物中如正定天宁寺塔，自第五层中心有塔心柱直达刹顶。有些砖塔如杭州保俶塔、大理佛图寺塔等，也有塔心柱。如以释迦塔的结构方式衡量，可断定楼阁式塔没有使用塔心柱的必要。其他如现存时代最早的北魏嵩岳寺塔、唐代大雁塔以及辽宋时的多数砖塔，也都不用塔心柱。而正定天宁寺塔五层以上木结构部分仅仅是外形躯壳，它的斗栱也只有外表可见的半边，全塔尺度较释迦塔小约一半，在实用上仅供外景观赏。内部塔心柱的作用是支撑外壳和做成上部刹杆，结构简单，用塔心柱即可达到目的。规模大如释迦塔，在结构上既无此需要，也不可能有高达 60 多米的木材。因此，应当说古代木塔有一种是用塔心柱的，有一种则不用塔心柱。以洛阳永宁寺塔及预浩所建开宝寺塔的形式、规模而论，应属接近释迦塔的形式，使用殿堂结构体系。

况且应县在辽属西京（即今大同），二者相距仅二百里。辽代的西京亦即北魏的平城，也就是创建永宁寺七级浮图的地方。永宁寺浮图在记载中仅晚于汉末笮融建浮图祠，而后，洛阳九级浮图又是仿此七级所建。可知大同是建造木塔的起源地之一。自皇兴元年（公元 467 年）建七级浮图到清宁二年（公元 1056 年）建释迦塔，历时五百八十九年，耳闻目睹，匠师世代相传，沿至辽代还有熟知前代建造木塔方法的人，并非全不可能。应用此种结构体系建造木塔，是有其传统渊源的。

而五百余年中，建筑术又一定有所发展改进。尤其晚唐以前直至北魏永宁寺浮图，除少数砖石塔外，平面多作正方形，辽代多作八角形，宋代兼用八角形或六角形。这一平面的变化，使木结构在繁简程度上有很大差别。没有新的创造改进，简单地抄袭前代成法，是不能适应新的形势的。

可见辽代所建砖塔遍于中国北部各地，而独在应县建一木塔，未尝不是在前代传统下的新创造。

附　记

这篇关于释迦塔的研究论文，开始于 1962 年初，完成于次年夏，距今已经十五年了。现在重读一过，除了对几处词句不够明确之处略加修饰并校正若干错字之外，此次再版，仍照原文，未作修改补充。这并不是原文已经完美无缺，不需要修改，而是有很大的不足之处，必须继续进行大量的工作才能取得结果，显然不是短期内能仓促完成的。因作此后记，指出其不足之所在及原因，一方面应当对读者有个交代，另一方面也希望引起从事建筑史研究的同志们的兴趣，能有较多的人力投入到这项工作中来。

这篇论文取得的一些新成果，增加了对古代建筑的认识和理解。归纳起来，有以下几点：

一、建筑组群的总布局充分考虑了各建筑物的高度、体量与视觉范围的关系，保证在主要建筑物的正前方有足够的空间，能够看到它的全貌（下篇肆第一节，陆第一节）。

二、立面构图有严密的数字比例。全塔高度为第三层柱头总面阔的 $7\frac{5}{8}$ 倍，或为第三层柱头平面内切圆的圆周长度（下篇肆第三节，插图二一）。

三、柱子高度包括普拍方在内。楼屋上层柱高还包括柱下平坐铺作高在内。四椽屋总高为平柱高的两倍，因此用副阶的殿身平柱高亦为副阶平柱高的两倍（下篇肆第三、四节，陆第二、三节）。

四、平面设计是全面考虑了使用要求、断面结构、八边形边长与直径的关系以及较节省的用料规格所决定的，并且是在预计的规模和材等下，所能做到的最大尺度（下篇肆第二节，插图二〇）。

五、面广以柱头为标准，从而可知古代平面设计系以柱头为依据，所绘图样为柱头平面，并包括柱子布置、铺作结构布置（下篇肆第五节）。

六、各层铺作是一个整体结构层，以内外柱头缝上的栱方为主体，组成两道复合的“圈梁”，再用乳栿等连接两圈梁为一个整体。因此，每一层的柱额、铺作及屋盖都各自成为一个结构层，全塔即由若干个结构层水平重叠而成。这种分层、重叠、中空的结构形式，即是《营造法式》中记录的殿堂结构形式。这种水平分层的结构形式，必然是内外两圈柱子的高度相等，但是由于内部空间构图的需要，也可以提高内圈柱子（或降低外圈柱子），但提高不能超过一足材（下篇伍第二、三节，陆第三、四节，插图二五）。

七、平坐内槽铺作全用方木垒叠而成，应是较原始的形式，从而可证铺作结构是吸取了井幹结构的原则创造的（下篇伍第二节，陆第三节，插图二四）。

八、铺作的具体做法有两种性质，其一是适应结构的性能，其二是适应构图的需要（下篇伍第二节）。

九、昂兼具上述两种性质。下昂在结构上是悬挑和平衡的构件，而又兼起调节构图的作用。如七铺作出双抄双下昂出跳总长较六铺作出三抄多一跳，而铺作总高度相等，故用下昂可以增加挑出长度而不增加高度。由此又可推知上昂作用正与之相反，即可以增加高度而减小出挑长度（下篇肆第四、五节，陆第三节）。

十、内部空间构图也有一定原则，如内外槽高度比是由视角决定的，内槽空间恒高于外槽。细部处理如使用平闇即用拼斗藻井，使用平棊即用背版藻井，以相协调（下篇肆第四节，陆第三节，插图二三）。

十一、尽可能少用大料。全塔用料只需六种规格，规格愈大的料使用愈少（下篇伍第一节）。

以上各项新的认识，以平面、立面设计构图规律和殿堂结构形式两项最为重要。它触及了古代建筑设计和结构设计的本质问题，打开了探讨我国古代建筑设计方法的大门，是对建筑学和建筑技术发展史的新收获。这些成果，今天看来仍然是正确的，但存在着重要的不足之处，大致有如下四项：

第一，原文对释迦塔的研究，全部是直接以实测的数字为依据，而没有将实测数字折算成材份再进行分析，不但费时而且认识不深，不易发现问题，也必然会有遗漏或理解不到之处。

过去对《营造法式》有一些初步了解，又经过许多实物测绘，对古代建筑设计的模数制——材份制，已有一些个别的理解，知道房屋的各种构件的断面及其外形都是用材份规定的，其创始至少在初唐时期。可是，长期以来就此停步不前，对于更重要的平面、立面的材份缺乏了解。近两年来才对《营造法式》取得了进一步的了解，知道它包含着一套完整的古代模数制，全部建筑或结构设计都是以材份为标准的。例如平面间广 250～375 份，必要时可增至 450 份；椽每架平长最大 150 份；檐出 70～90 份，等等。试将释迦塔各项实测尺寸折算成材份，都在这些规定材份范围之内或相差极少。因此，应当按照材份再作一次全面的分析，以期对古代建筑有更深入的理解。我很遗憾不能在这次再版时完成这一工作，只能试举数例以概一般。

例如前举平面分析，当时还不理解《营造法式》栿长的规定伸缩范围，如四、五椽栿断面相等，其长度则为 600～750 份，而六椽栿、八椽栿断面增大很多，长度为 900～1200 份，因此，此塔内槽大梁设计采用四、五椽栿断面，其长度可达 750 份。这就是限定内槽直径 750 份，同时外槽深不超过两椽长 300 份，在结构上是最经济合理的。原文分析结果虽与此相同，却是用若干实例的实测数据综合比较得出的，要麻烦些，而且说不出可靠的道理。折合成材份不但立即可以看出它的设计依据，还可以看出更细致的设计过程。现在再将各层柱头平面尺寸折合成材份列表如下：

各层柱头平面份数表

（份值：1.7 厘米）

层	外檐直径	内槽直径	槽深	外檐面广	外檐心间广	内槽面广
一	1374	761	306	570	260	315
二	1314	755	279	545	246	312
三	1253	731	261	520	224	302
四	1200	722	237	495	221	299
五	1131	681	225	470	214	282

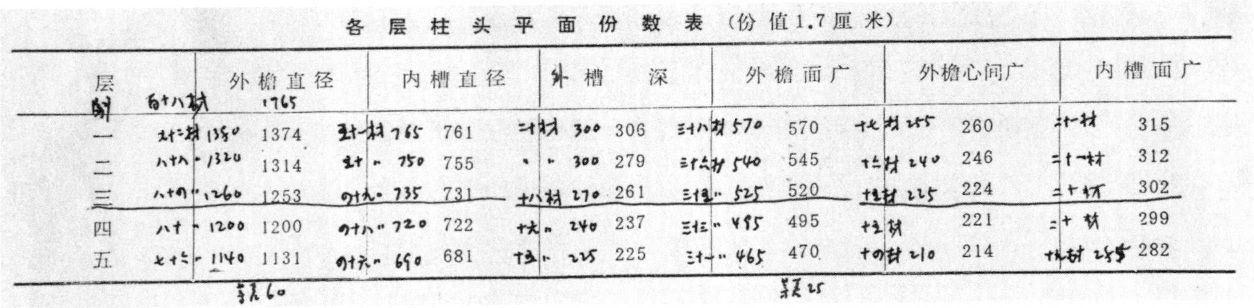

各层柱头平面份数表（份值1.7厘米）

层	外檐直径	内槽直径	外槽深	外檐面广	外檐心间广	内槽面广
一	1374	761	306	570	260	315
二	1314	755	279	545	246	312
三	1253	731	261	520	224	302
四	1200	722	237	495	221	299
五	1131	681	225	470	214	282

插图三四　“各层柱头平面份数表”之作者批注

从表中看到第三层内槽直径731份，外槽深261份，它为什么不使用《营造法式》所允许的极限呢？原来是为以下各层增大留有余地。所以第二层直径为755份，第一层直径为761份，第二层槽深279份，第一层槽深306份，即第一层直径、外檐深分别超过《营造法式》规定上限11份或6份，可以认为尚在结构安全度以内，或者释迦塔当时所用份数限额可能与《营造法式》稍有不同。［插图三四］

还可以看到各层外檐面广（外檐每面总广）为极整齐的材份数：以第三层520份为基数，上下各层面广逐层递增减各25份。由于外檐每面三间均用通长额方、普拍方，其宽度不易变动，可以确信这是最准确的数字。各面面广影响立面外观，这个整齐的增减数字必定是设计时经过周密考虑的决定。为什么采用25这个数字呢？显然是根据古代木工习用的数据：八边形每面25，其径60。所以每面增减25份，即每层直径增减60份，很便于记忆和运用。检表中外檐直径数，第三层以下两层递增60或61份，而第三层以上两层递减53或69份，初看似不合上项推定，但第五层与第一层总差243份，平均各层差数实应在60至61份之间。所以，如将第四层直径实测数减小8份得1192份，则各层增减数均为60或61份，是合于上项推定的。由此得到的结论应是第四层变形较大，是当时施工不准确或千年来由外力作用造成的，还需再详测才能确定，或者两种因素都有可能。总之，现在我们不但可以由材份找到更多的设计原则，而且还可以利用材份研究的结果比较方便地核对它是否有走动变形。这些现象只有在折算成材份后才易于发现，可见原文单由数字分析是不够的。

还有，关于高度，原文系自第一层外槽地面至刹尖分为七段（详见下篇肆第三节），下六段高的平均数为883厘米，即以此数为每段的标准高度，而第七段高为991

厘米；下四段均计至各层塔身柱头普拍方上皮，第五段则计至第五层铺作替木下皮。尺寸都是对的，全塔高度的比例关系也是对的。现在折算成材份数，下四段标准高各应为 520 份，它应是 884 厘米（原来平均数本是 $883.\dot{3}$，为了方便略去尾数，又因与实测第三层柱头面阔只差小数，故定为 883 厘米）。第五段如亦计至各层塔身柱头普拍方上皮，应为 445 份，即标准高度减 $\frac{1}{8}$——65 份，第六段、第七段各标准高增加 65 份为 585 份，其结果与实测数差数如下：

第一段	520 份　合 884 厘米	实测 885 厘米	差数 −1 厘米
第二段	520 份　合 884 厘米	实测 883 厘米	差数 +1 厘米
第三段	520 份　合 884 厘米	实测 882 厘米	差数 +2 厘米
第四段	520 份　合 884 厘米	实测 884 厘米	差数 0
第五段	455 份　合 773.5 厘米	实测 773 厘米	差数 +0.5 厘米
第六段	585 份　合 994.5 厘米	实测 993 厘米	差数 +1.5 厘米
第七段	585 份　合 994.5 厘米	实测 991 厘米	差数 +3.5 厘米
合　计	3705 份　合 6298.5 厘米	实测 6291 厘米	差数 +7.5 厘米

从表中看出，材份数只比实测数多 7.5 厘米，其差数多产生于屋盖及刹，如考虑到测量误差、木结构施工的精确度和近千年来自然界的影响，这个差数是微不足道的。因此，可以相信材份数的准确性，而对原文稍加补充：塔高是以 520 份为标准高度，基座是标准高的 $\frac{1}{2}$，以上一至四段各等于标准高，第五段为标准高的 $\frac{7}{8}$，六、七各段为标准高的 $1\frac{1}{8}$；总高仍为标准高的 $7\frac{5}{8}$。

由以上平面、高度两项分析，已可看出全塔设计与材份的关系。可惜现在还来不及全面用材份进行一次分析讨论，我希望尽可能早一点开始这一工作，也深切期望为提高古代建筑史的研究水平，多做一些这类的基本工作。

顺便提一下，为什么上三段高度的增减要采用标准高的 $\frac{1}{8}$ 呢？这倒不是材份制的问题，也不是因平面为八边形产生的。它是古代手工业中最通行的实用方法之一：以 $\frac{1}{2^n}$ 为计数方法，只需用一条绳（如小物件不长即用纸条）对折，折一次为 $\frac{1}{2}$、二次得

$\frac{1}{4}$、三次得$\frac{1}{8}$、四次得$\frac{1}{16}$等等，这是准确、迅速、实用的方法，也不必读出数字，当然就没有整数零数的考虑，运用起来可以得到很多分数。例如520份的$\frac{5}{8}$即$\frac{1}{2}+\frac{1}{8}$，先将一条520份的绳对折，记下它的长度，再对折两次将其长度接在前记长度后，即为520份的$\frac{5}{8}$。

第二，此文发表后曾得到许多同志的指正，在此谨表谢意。在大量的意见中以关于复原的问题占首位，我也借此再谈一下原状的问题。我认为，要有充足的依据，“复原”才有可能。此塔的有关资料实在不足以复原，只能对原状提出设想，当然是主观成分较多。我原来也设想过几个方案，只在几个方案中列举一个，聊供参考而已，绝不认为它就是定案，一旦发现客观依据或新的线索，是应当立即改正的。现在，我又有了新的看法：从《营造法式》大木作研究中，初步弄清了一些过去不十分明确的问题，大大丰富了对材份制的理解，这就对外形轮廓（出檐）和大雄殿复原有了新的设想。

现已判明《营造法式》檐出以椽径为依据，椽径从6到10份，檐出从70到80或90份。即自椽径6份、檐出70份开始，椽径每增加1份，檐出即增加2.5或5份，飞子为檐出的$\frac{6}{10}$。以此数核对唐宋实例均大致相符。释迦塔椽径9份，按上述规定，檐出应为77.5份至85份，飞子应为46.5份至51份。实测各层檐出、飞子折成材份如下表：

檐出、飞子实测及拟增加数表　　（单位：厘米/份）

	檐出		飞子	
	实测	拟增至	实测	拟增至
副阶	128/75		63/37	73/43
一层	128.5/76		69/41	71/42
二层	128/75		56/32	58/34
三层	138/81	145/85	70/41	87/51
四层	146/86		59/35	83/49
五层	145/85		61/36	63/37

据表，可见檐出数与《营造法式》规定范围相差不大，飞子相差较多。今以标准层第三层为准将檐出、飞子按《营造法式》规定增至 85、51 份，即第三层共允许增加 24 厘米。第四层檐出原已达最大限度 86 份，不能再增，但飞子可加 24 厘米即达 49 份，而一、二、五各层只需多增加飞子长 2 厘米，即取得原文所拟的外形轮廓（详见下篇叁第一节），但实际增加数较原拟数略微减少。至于副阶因与以上各层轮廓无关，且需顾及与阶头的关系，至少仍应增加 10 厘米。

又表中檐出，第一、二层取用材份规定的下限，三层以上取用上限，似与铺作出跳有关。第一、二层用七铺作出四跳，第三层以上逐层出跳自六铺作至四铺作，即出跳多可以酌量减小檐出，出跳少可以酌量增加檐出。而《营造法式》规定檐出上限为 80 至 90 份，正可理解系为设计外形轮廓预留伸缩余地。由此看来，副阶用四铺作也可取用檐出的上限，是否如此，尚难决断，姑记此以供参考。

还有大雄殿的复原设想，当时以为近于奉国寺大殿而假定为 48 米 ×25 米（详见下篇叁第三节），现在也可以用材份重新估计。据现知与释迦塔时代相近的辽金建筑，一般正面次梢间间广较心间依次递减，山面逐间间广约略相等，并与正面梢间相等。其正面心间广在 300 份左右，亦有大至 410 份的，梢间广 260 份左右，其所用份数均在《营造法式》规定范围之内。今按较小份数估计：正面九间当中三间各广 300 份，次间广 280 份，再次间及梢间各广 260 份，正面总广 2500 份；山面五间，逐间广 260 份，共 1300 份。如用材与释迦塔同为一等 25.5 厘米 ×17 厘米，共合 42.5 米 ×22.1 米。如按较大份数，将各间广均再加大 20 份，则正面总广 2680 份，山面 1400 份，合 45.56 米 ×23.8 米，亦无不可，但受砖台面积限制不宜再大。因此按材份估计其规模略小于原来估计。当然，这仍然是主观臆测，不过多了一个材份数的依据似觉多一点理由。仍然希望将来能对砖台加以发掘，或可证实大殿的原有状况。

第三，释迦塔的结构形式（原文称结构体系），即《营造法式》中的殿堂结构。它的特点是分为柱额、铺作、屋盖等水平层次，由下至上逐层重叠而成（详见下篇陆第三节），每一层都自成一个结构整体。在未研究释迦塔之前，对《营造法式》中的“殿堂”“厅堂”是不甚了解的，经过对释迦塔的分析之后，才有了较深刻的理解，认识它是两种不同的结构形式，而释迦塔正是殿堂结构形式。并由此联想到佛光寺大殿、独乐寺观音阁、晋祠圣母殿等都是这种结构形式。至于厅堂形式，当时却未再对实例深入分析，误以为仅此两种结构形式，不属于此即属于彼，以致原文将义县奉国寺大殿、大同善化寺大殿、新城开善寺大殿、宝坻广济寺三大士殿、大同华严寺海会殿等全都归属于厅堂结构形式（详见下篇陆第四节）。近来研究《营造法式》大木作时，才进一步认识到上列实例除海会殿确属厅堂结构形式外，其余四例的梁柱配列虽确有厅堂结构形式的特点，但同时还具有殿堂结构形式的铺作结构的某些特点，因此应属殿堂、厅堂之外的另一种结构形式，很可能在发展过程中它是先于殿堂出现的形式，或者殿堂结构形式竟是由它发展改进的产物。这个问题还需继续讨论，现时还未能作出决定。

第四，下篇第五章第二节对铺作的分析，开始一段本想说明一个重要事实，即铺作是沿着内外槽各面柱头缝用方木、斗重叠铺设，组成两个大小相套的八边形圈状体，并用方子、栱、栿等将两个圈状体连结起来，成为一个整体结构层（详见下篇伍第二节）。但是原文叙述的重点不够明确，插图也不能充分表现出来，以后又接着用较多的篇幅叙述平坐内槽和外槽铺作的区别、铺作的细部做法，更冲淡了原来的意图。我当时就感觉这一段词不达意，几经改写始终不够满意。现在看来，词不达意的根本原因是概念不清，是对事实有新的认识而又甩不掉旧有的概念。

先前对铺作的概念是由若干斗、栱等构件组成的一种单独的结构个体，所以提到铺作就是指一朵一朵（明清称“攒”）的个体。由释迦塔及更早的佛光寺、独乐寺观音阁看来，在殿堂结构形式中，铺作是整个一层成整体的结构，它不是由单独的朵排列而成的（虽然在外表上是成朵的），因为按前面所说过的，这个整体铺作结构层的主体是两道成圈的扶壁栱（现在我称之为纵架）和连接两圈的栱、栿（现在我称之为横架），而早先习称的铺作，在这里只不过是纵架和横架的结合点。换言之，过去习惯于把纵架和横架的结合部分切割孤立起来，称之为铺作，从而忘记了它的整体。

这个片面认识是有由来的，我们从《营造法式》到《工程做法则例》所接受的就是单独成朵的铺作。可以理解古代匠师把纵架、横架的结合点分离出来，使它仿佛是一朵单独的铺作，是为了便于说明铺作层的构造方法，而抓住它的结构要点和关键所在，着重交代纵架、横架的结合方法。另一方面由于《营造法式》时期已部分失去唐辽整体铺作结构层的特性，虽然还保留着早先的形式和某些作用，也确实有了单独成朵的趋势，这就促成了只知道单独成朵铺作反忘记了整体结构层。至于到了明清时期，整体结构层已不再存在，仅仅留下了铺作的形式，铺作也确实成了单独存在、可有可无的装饰，更使我们习惯于单独成朵的概念。现在研究唐辽实物，必须纠正过去的概念才能得到切合实际的理解，才能提高对木结构发展历史的认识。旧习惯的改变自然不是易事，我将继续努力。

以上只是对原文不足之处，择其较重大的四项略加补述，其他如铺作出跳长度，减份规律，举折、梁栿长度及断面等等都还有待补充。同时各项补述也只是近两年在研究《营造法式》大木作制度时的初步理解，还没有做深入研究，将来是需要从材份制的原则重新予以全面分析的。

然而，写到这里我还想略述研究释迦塔的起因及其过程，也许其中有一点可供参考的小经验。

事情开始于 1959 年到 1961 年间数次参加编写《中国古代建筑史》，在工作中时常感觉到对古代建筑的认识，实质上只是着重于各时代的差别，尤其着重于细枝末节。诸如对栱、斗的长短大小，各种构件的比例，栱头、斗底、昂嘴、耍头的形象及卷杀方法等等，都可以绘制出详细图样，列举各时代的异同。较大一点的问题就只能笼统地含糊说个大概，什么早期斗栱硕大、补间只用一朵，较晚斗栱比例略小、补间用两朵，明清时斗栱更小、补间多至六朵；早期屋盖举折平缓，晚期举折高峻；早期出檐深远，晚期出檐短浅；早期屋架脊槫下只用叉手，晚期才用蜀柱，如此等等。至于为什么有这些差别，是不大说得清楚的。再大的问题就更加说不清楚了，只能空洞地夸奖一番，美其名曰“高度概括”。说什么唐代建筑外形雄厚，结构、艺术都有高度成就；宋代建筑外形清秀、精工细作；明清建筑高度标准化、程式化，装饰烦琐，等等。假如有人硬是要问高度成就到底是多高，是用什么尺、怎么量出来的，那就会问得我哑口无言。幸好，我还没有碰到打破砂锅问到底的人，不过，真有点担心。

这并不是妄自菲薄，把几十年的工作说得一文不值。凭着那些已知的表面现象，我确实可以判断一个古建筑的年代，是否经过后代改动；也可以准确绘制出各时代建筑的施工图样等等。然而它并不能满足建筑发展史研究的需要，只能算是研究建筑发展史的第一步工作，当然，是必不可少的一步。仅凭这些，做考古鉴定工作可以说是够了；但是，以之来写建筑发展史，就只能按时代顺序罗列表面现象，不能深入到问题的本质，把各个时代的建筑设计、施工等具体经验提到理论高度加以总结，从而找出其发展过程中的某些规律性的东西。那怎么能称为建筑发展史呢！我们既然能够从古代建筑的表面现象中看到它有优美谨严的造型，坚固的结构，丰富、多彩、精致的建筑装饰，乃至各种实用宏阔的组群布局，为什么不去追究它能取得这些结果的设计方法、设计原理呢？我们有那么多古代建筑实例，但经过详细实测能够拿出图样的却很少。已经测量过的实例则大多停留在测绘图纸层面，没有进一步深入探讨。我们虽有一部完成于十一世纪的建筑学——《营造法式》，但认真研究的人却寥寥无几。大量的工作正等待着我们去做！

在上述想法下，考虑了我的具体条件，决心就若干古代建筑实例进行逐个的分析研究。当初拟定从唐到明的具有代表性的二十多个实例的名单，释迦塔并不是名单中的第一个，终于决定先研究它倒是带有偶然性的。由于当时文物出版社要编印全国文物保护单位的资料图录，初步整理了有关建筑的资料，发现当时掌握的资料以释迦塔最为完整，于是决定以之做编辑图录的试点，我也随之把它提到名单的首位作为第一个研究对象，其结果就产生了这篇论文。在完成初稿时我又有如次的感想：第一，这里取得的成绩只是由释迦塔得到的，它是不是唐宋建筑所共有的？还有没有其他未经理解、认识的东西？都需继续探讨，因而更加坚定地要以此为开始，按原计划工作下去，以期积累更多的知识。第二，深刻地感到释迦塔立面构图的规律，虽不能肯定为那一时代的一般规律，但在记录、总结唐宋建筑的《营造法式》中，应当能找到类似的东西，所以深入研究《营造法式》也应当列入我的研究计划之中。

遗憾的是，自从此文完成后，由于众所周知的原因，我的研究工作竟停顿了十三年，直到 1976 年才重整旧业。这回鉴于上述感受，决定先深入研究《营造法式》大木作，然后逐个分析若干古代实物。现在大木作研究将近告一段落，取得了一些突破，较过去的认识有所增加，而回过头来看看这篇文章，就感觉上述各种不足之处，而且应当说是严重的不足。

具体地说，在研究释迦塔之前，对《营造法式》的材份制只有一个不完全的认识，以致既感觉到它有一个类似模数的东西存在而又有重大的缺点，或者只能称之为不完善的模数制。及至完成释迦塔的分析，证明了塔的平面、立面、结构各部分尺度有那么谨严的关系，我深信它一定是有一套完整的设计准则，而且是早已形成的。塔的时代既在《营造法式》之前，那么《营造法式》中不能没有这种设计准则的反映，至少应有痕迹可寻，所以必须再重新深入研究《营造法式》，首先是它的大木作。果然，现在我在《营造法式》中发掘出了前所未曾明确理解的东西，可以解除数十年来的疑问，确认《营造法式》的材份制是一套相当完善的古代模数制。这样就又反过来看到了释迦塔原文未按材份分析的不足之处。

只有抓住实例和古代学术著作的关键问题，互相启发、反复研究分析，才能逐步提高认识水平，这就是我的一点小经验。因此，过去的研究成绩，总是带有缺点或不足之处的，不可能有一劳永逸、绝对完善正确的结论。

现在，只不过分析了一个实例，还有多少实例等待着进行分析研究！其中包含着多少我们还未曾认识理解的问题！而对《营造法式》的研究肯定也还未到止境，发现了实例的新问题，又将再去寻求解答。我的知识实在差得远，建筑史写了十几年，其浅陋可知。要想提高写史的水平，至少还需要反复分析研究二三十个实例。系统地重新写建筑史，恐怕不是我的年龄所允许的了，不过我仍将坚持我的原计划，在《营造法式》大木作研究告一段落之后，我仍将继续致力于实例的分析研究，为提高建筑史研究水平做一点基础工作。

一九七八年六月记

实测图[①]

[①] 原书实测图定稿凡 34 种 35 张（实测图 4、5 合为完整的一层平面图）。后作者对其中的 10 种作数次修改、批注。本卷将这些“批注本”附于原实测图之后，借以说明作者的探析从未因专著的出版而有所停顿，并将之提供给后续研究者们参考。

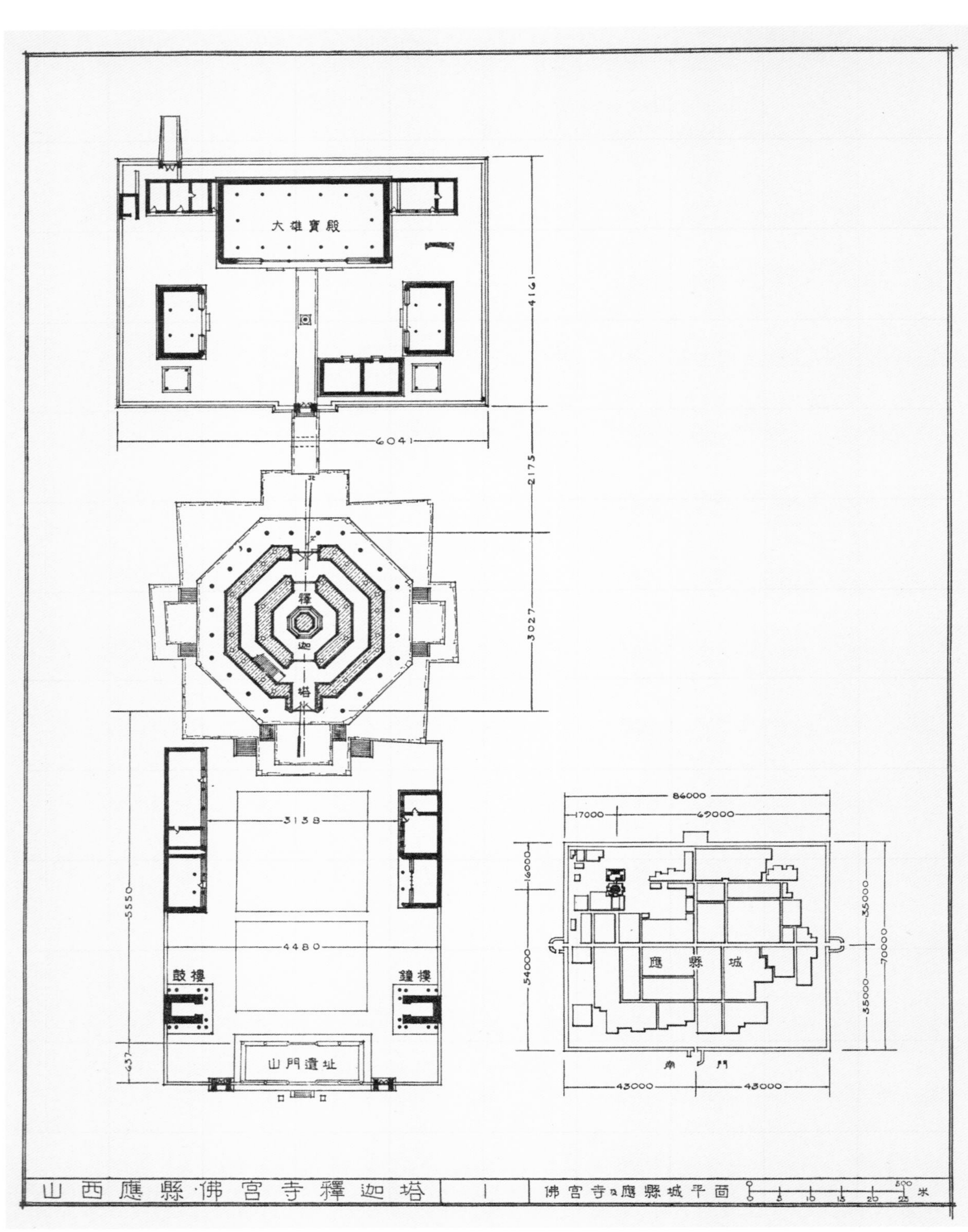

实测图 1a　佛宫寺及应县城平面

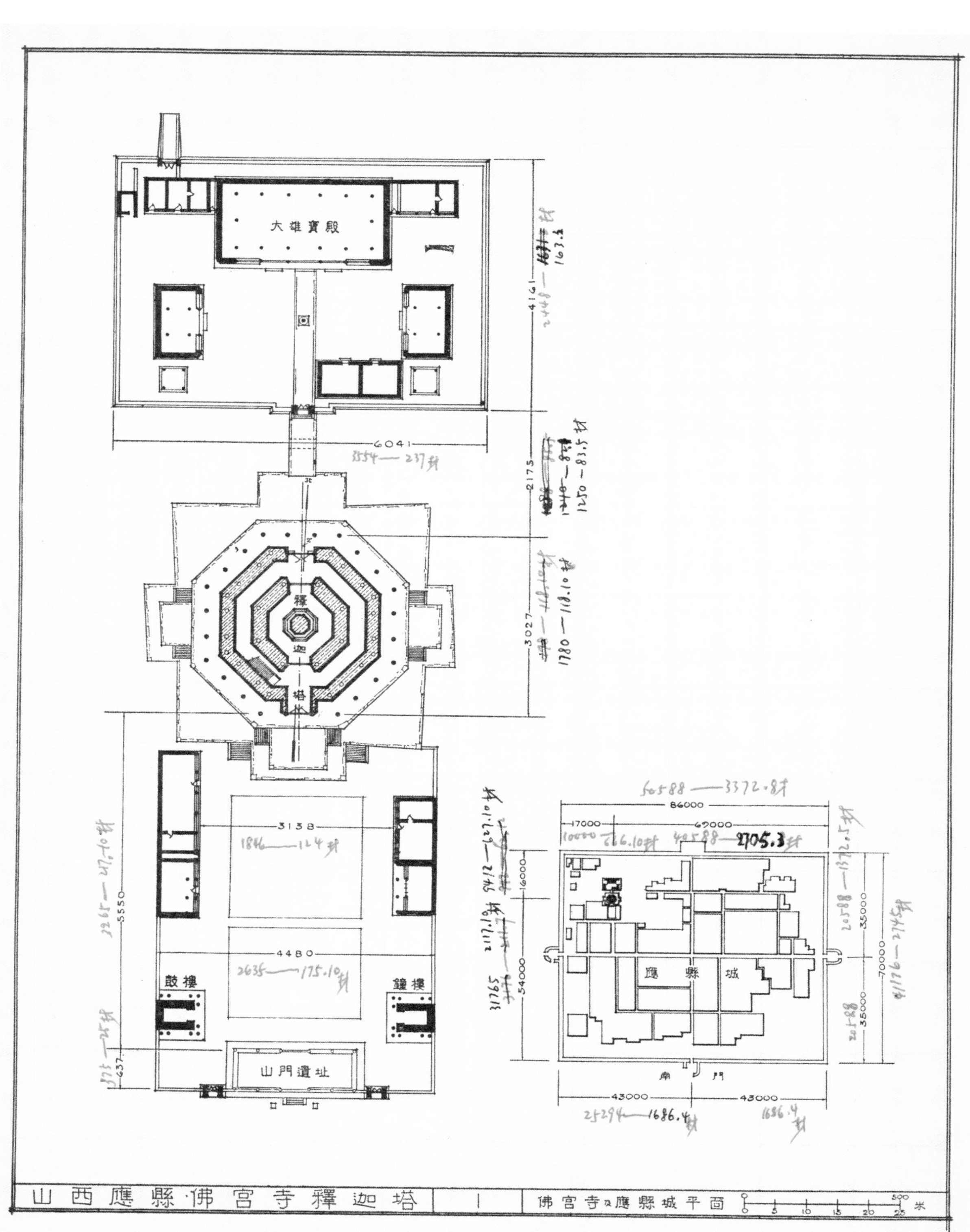

实测图 1b　佛宫寺及应县城平面（作者批注本）

实测图 2a　断面

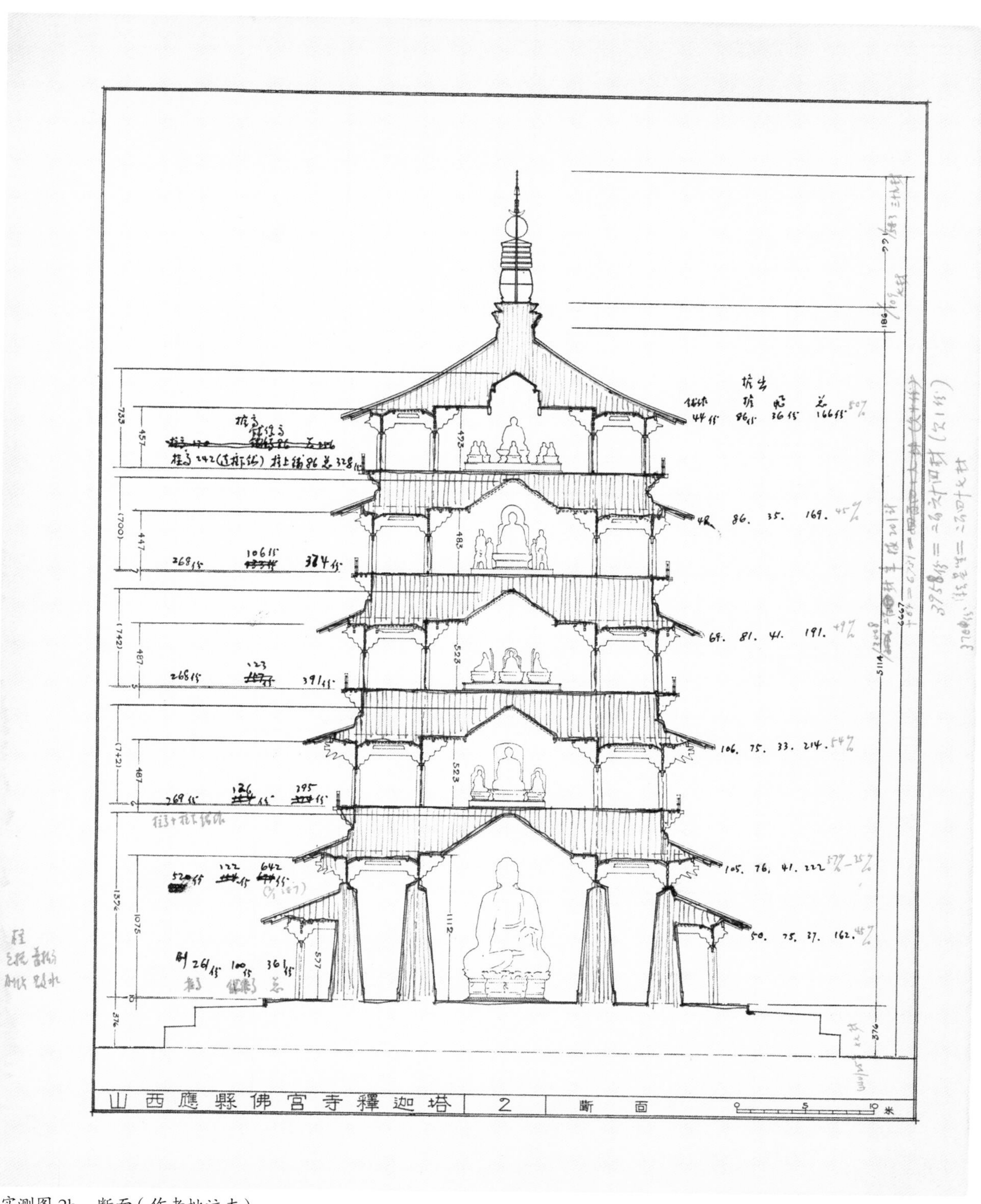

实测图 2b　断面（作者批注本）

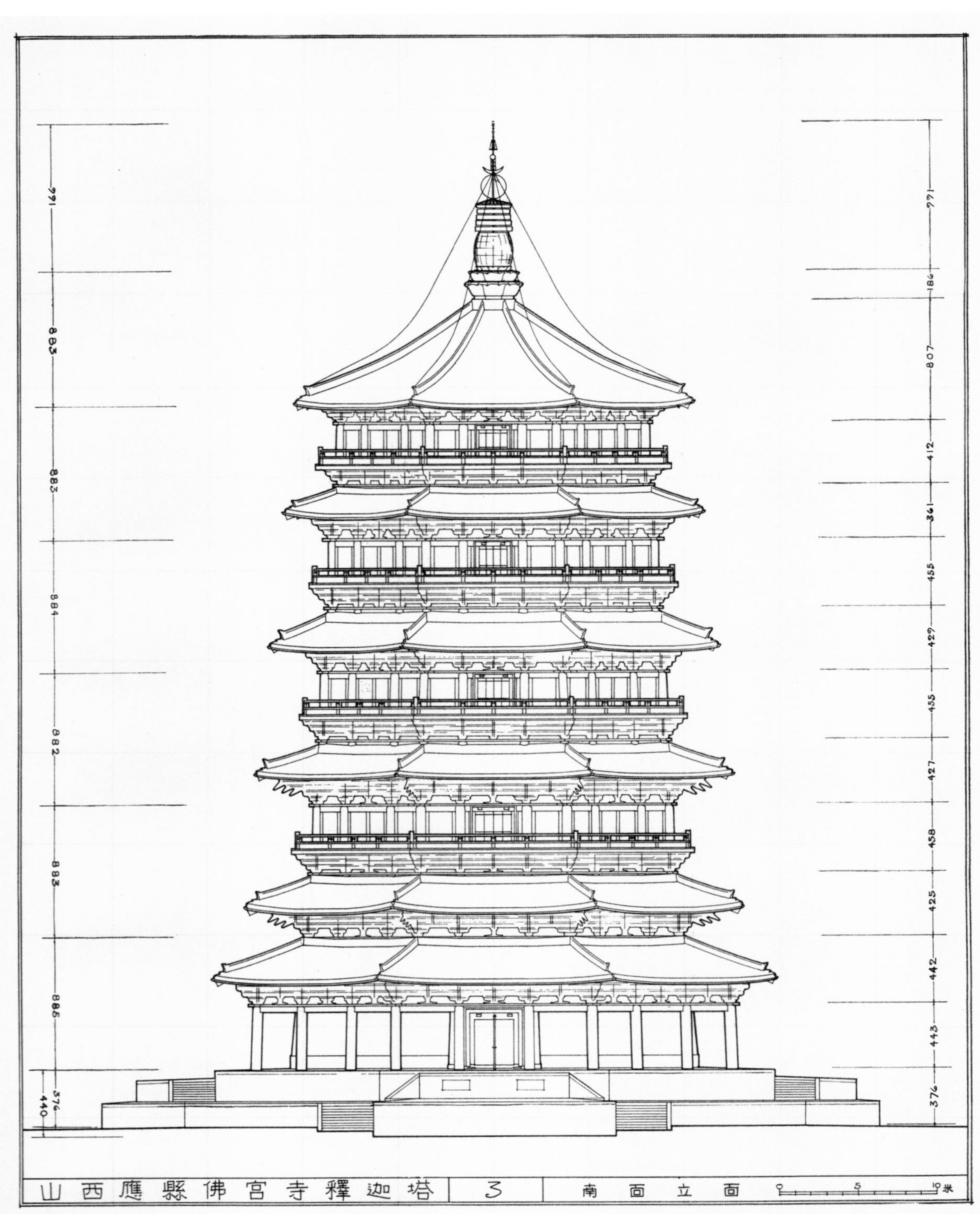
991
883
883
884
882
883
886
376
440
991
186
807
412
361
455
429
455
427
458
425
442
443
376
山西應縣佛宮寺釋迦塔
3
南面立面
0
5
10米

实测图 3a　南面立面

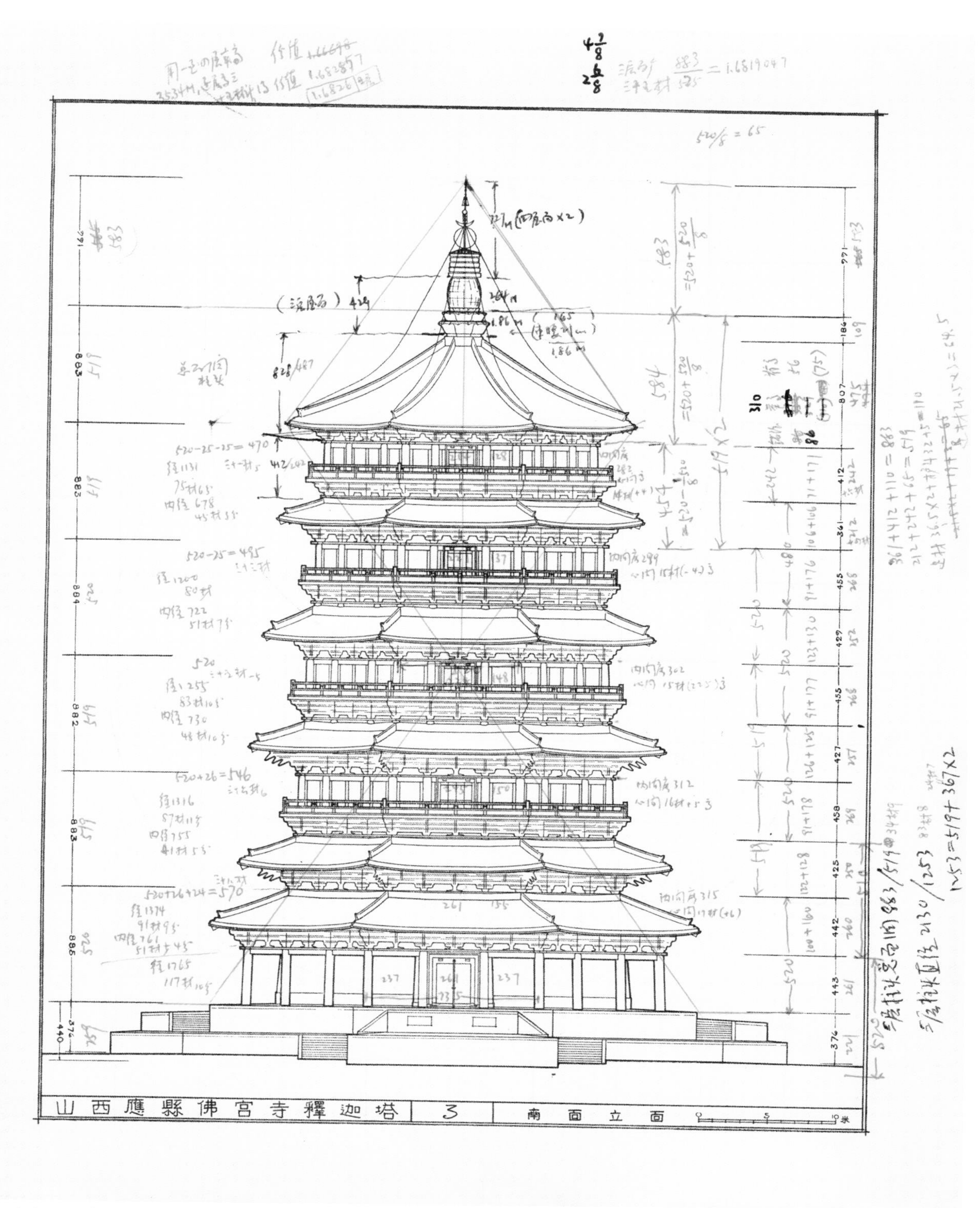

实测图 3b　南面立面（作者批注本之一）

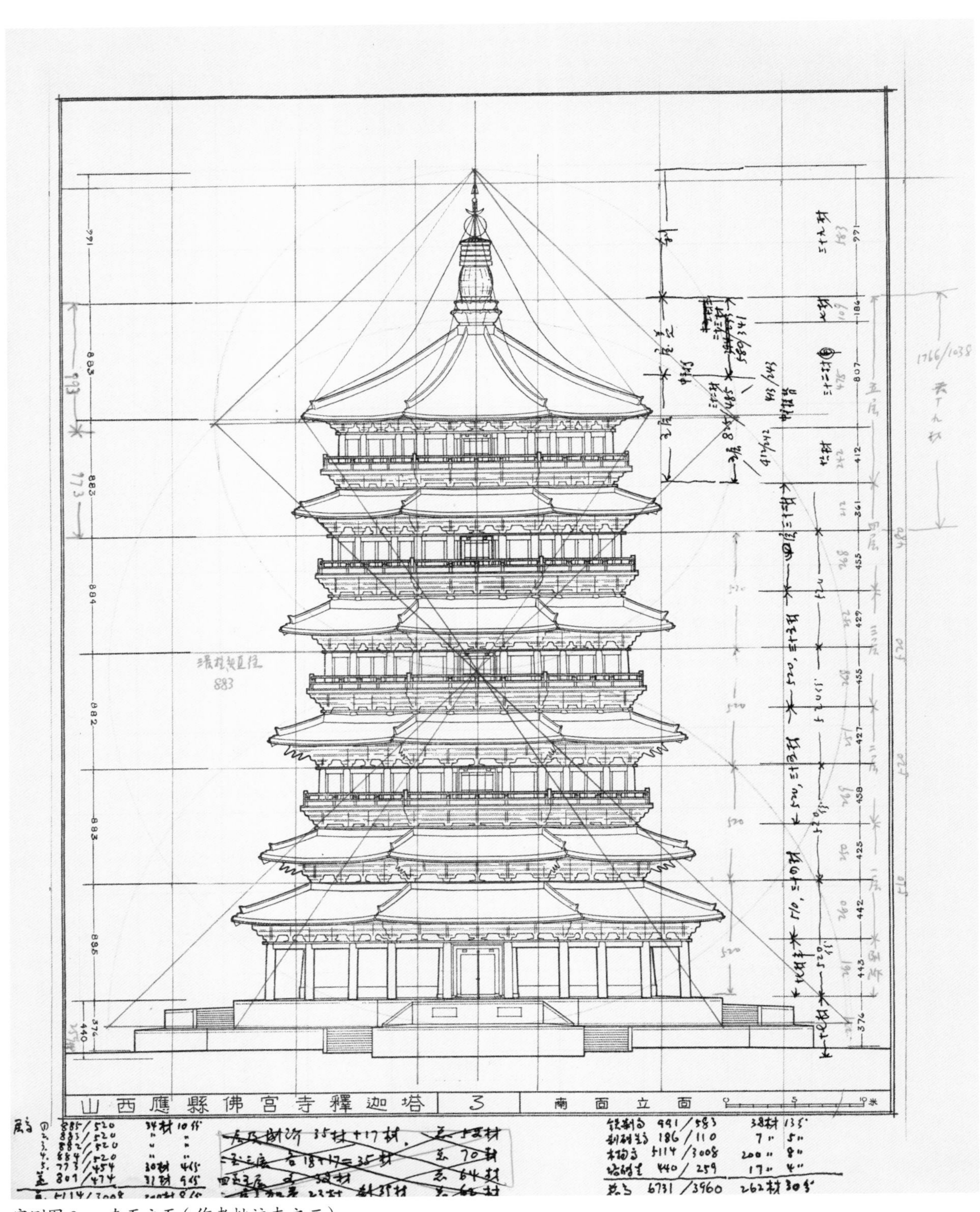

实测图 3c　南面立面（作者批注本之二）

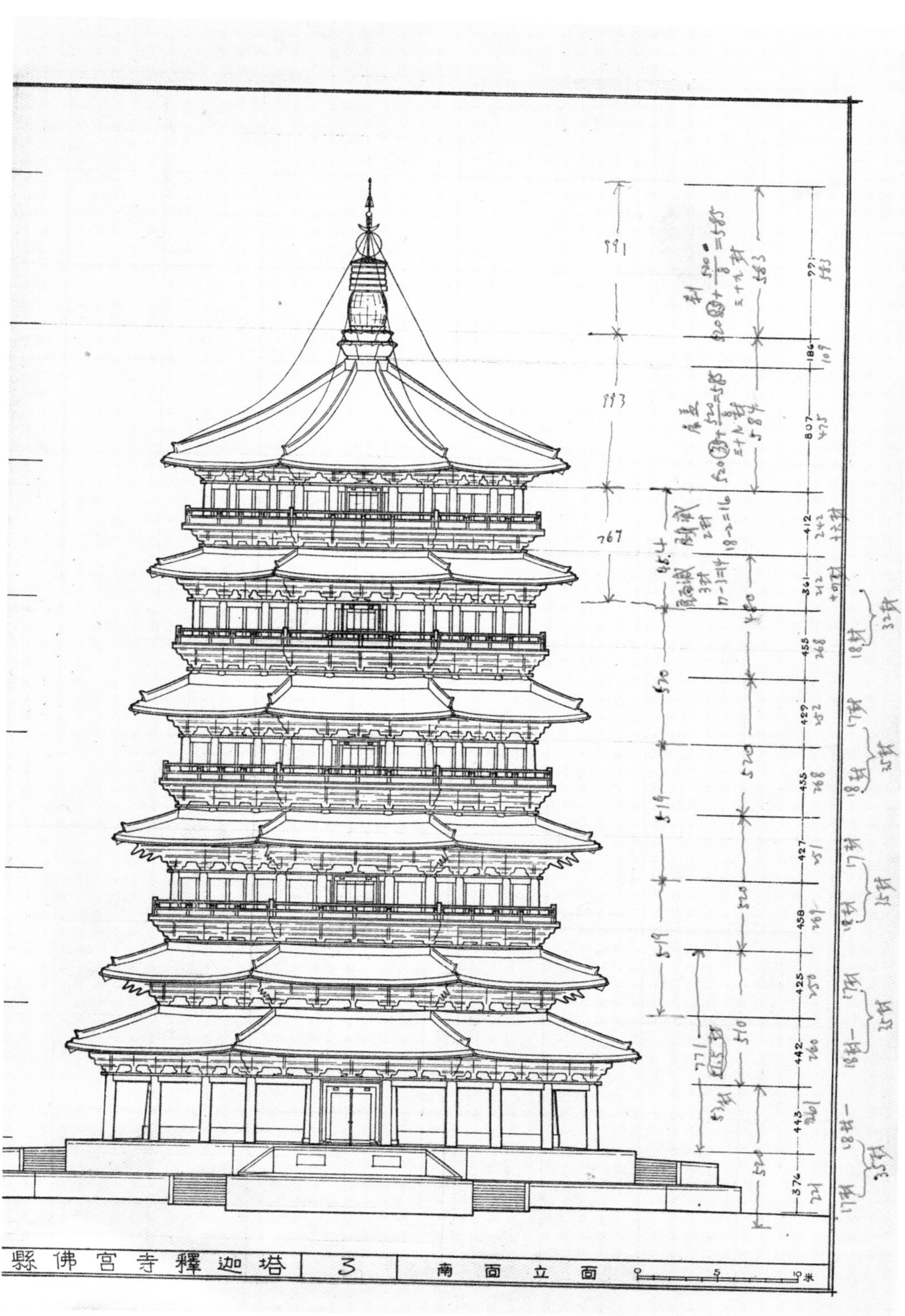

实测图 3d　南面立面（作者批注本之三）

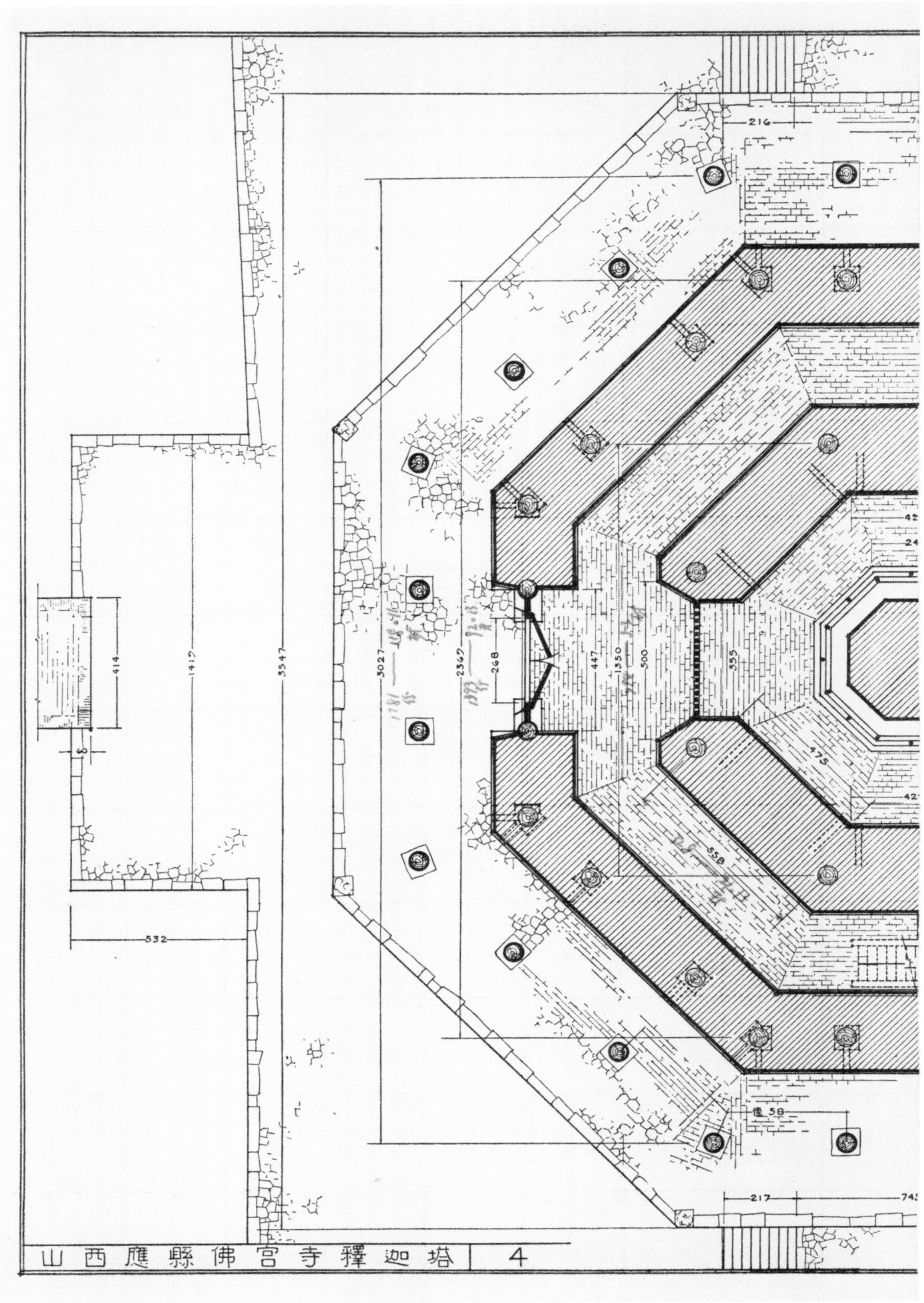

实测图 4　一层平面左（作者批注本）

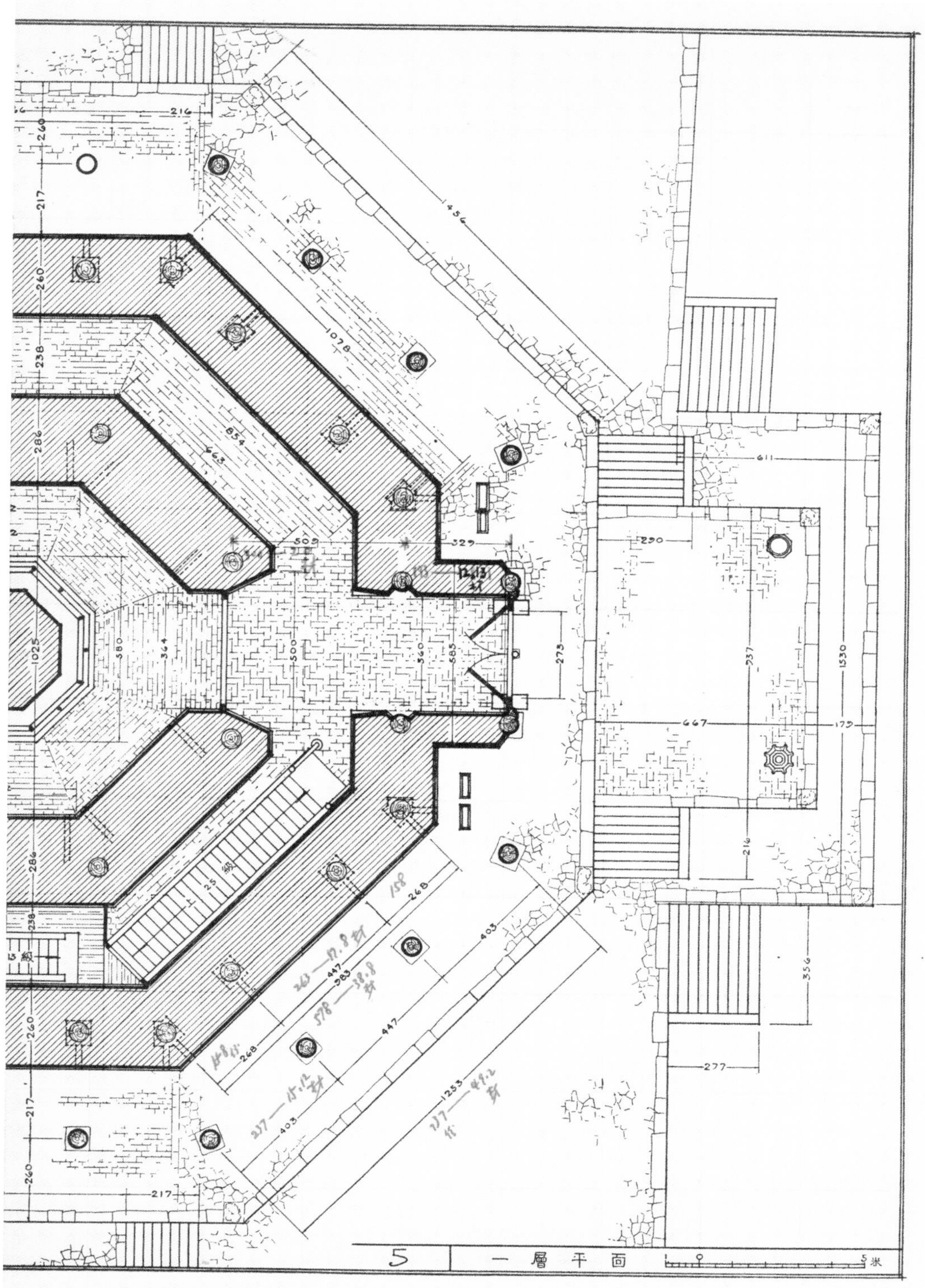

实测图 5　一层平面右（作者批注本）

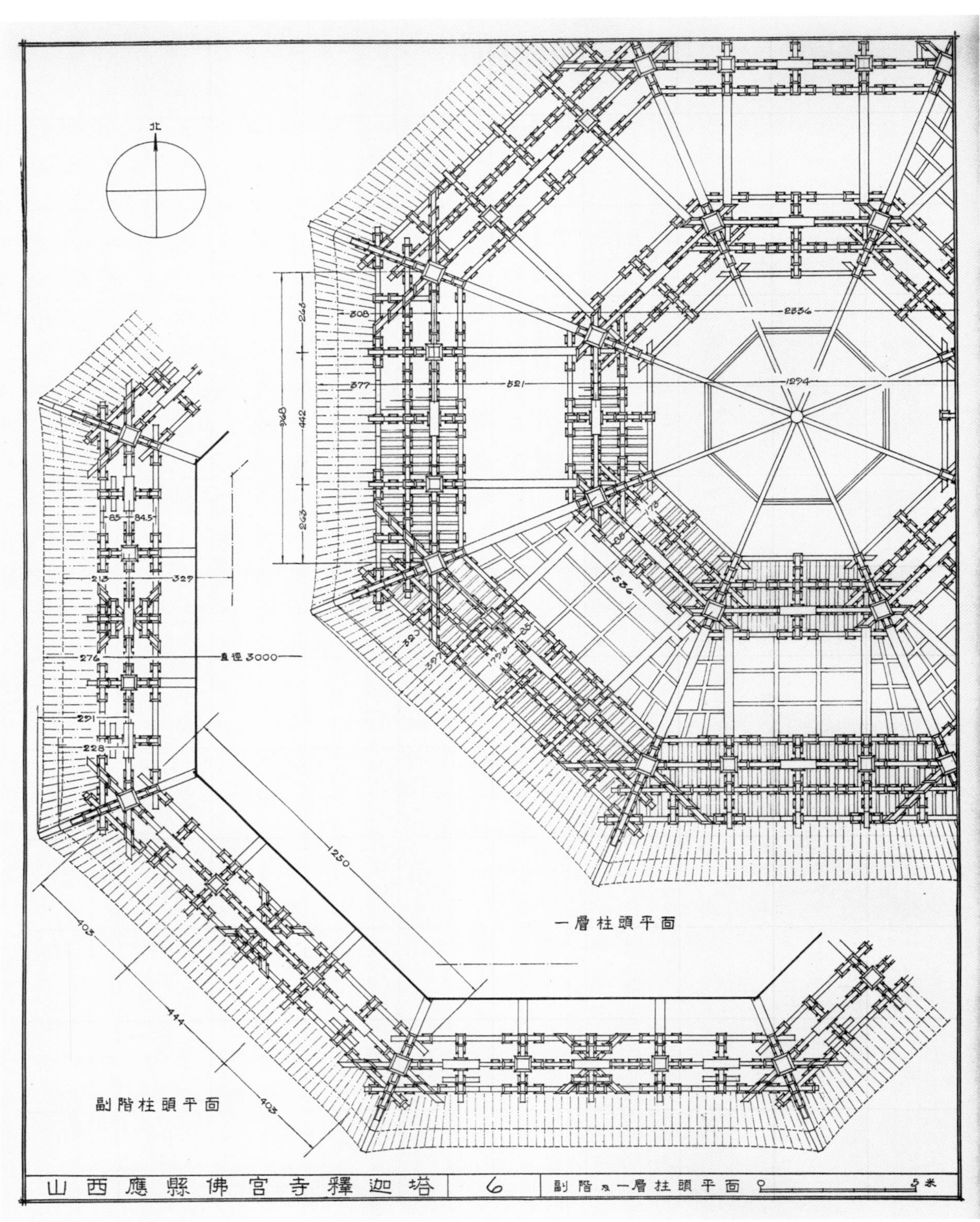

实测图 6a 副阶及一层柱头平面

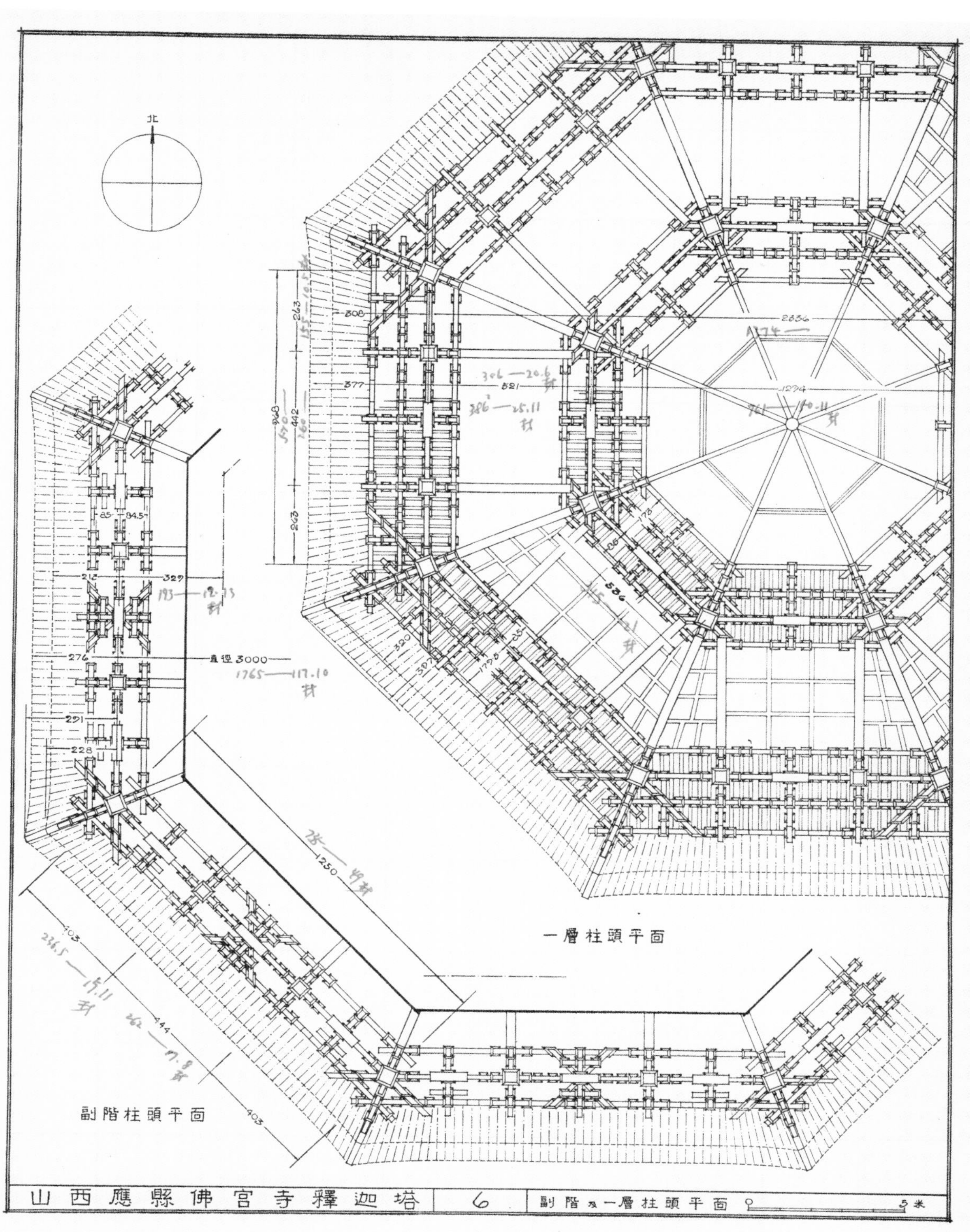

实测图 6b　副阶及一层柱头平面(作者批注本)

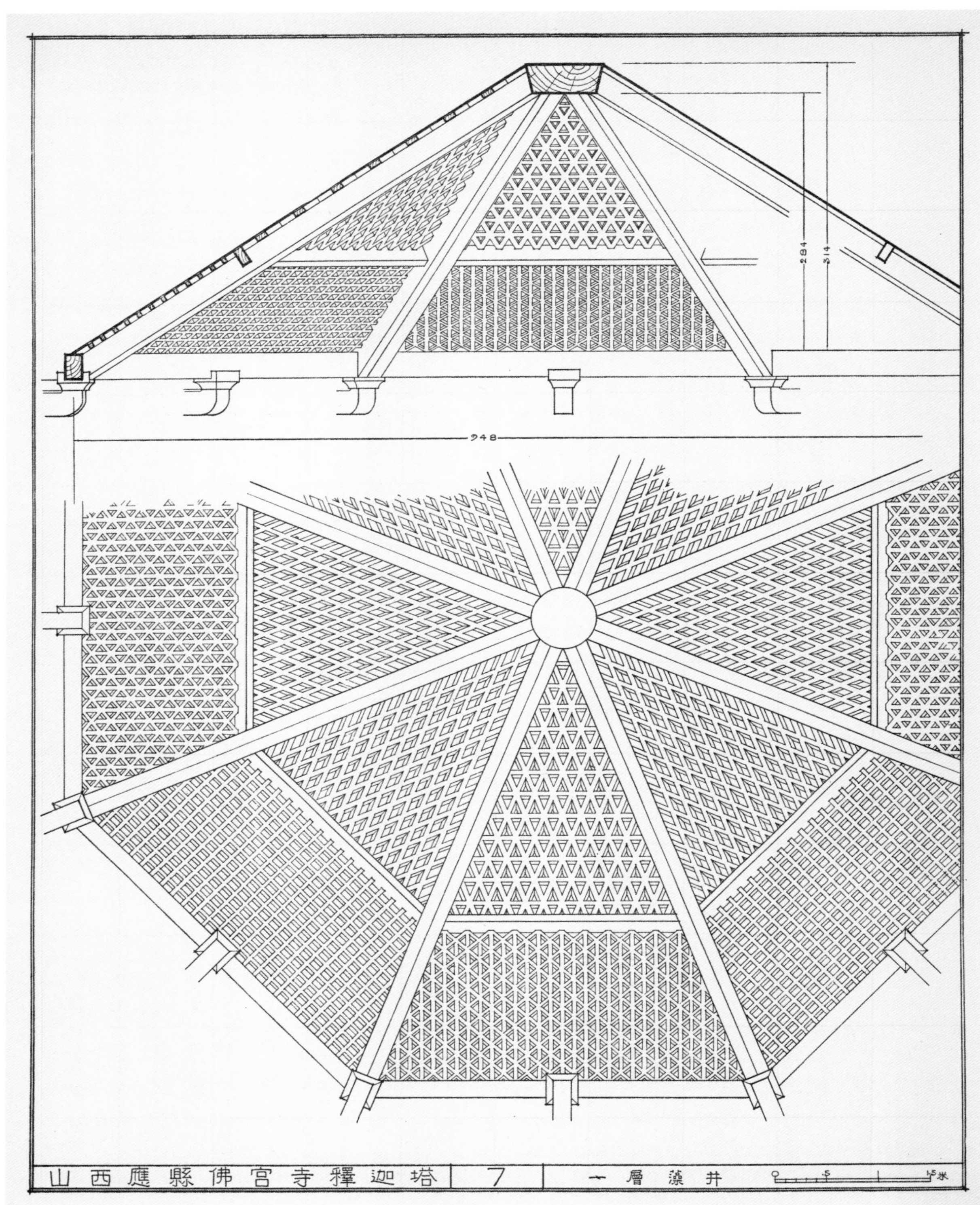

实测图 7　一层藻井

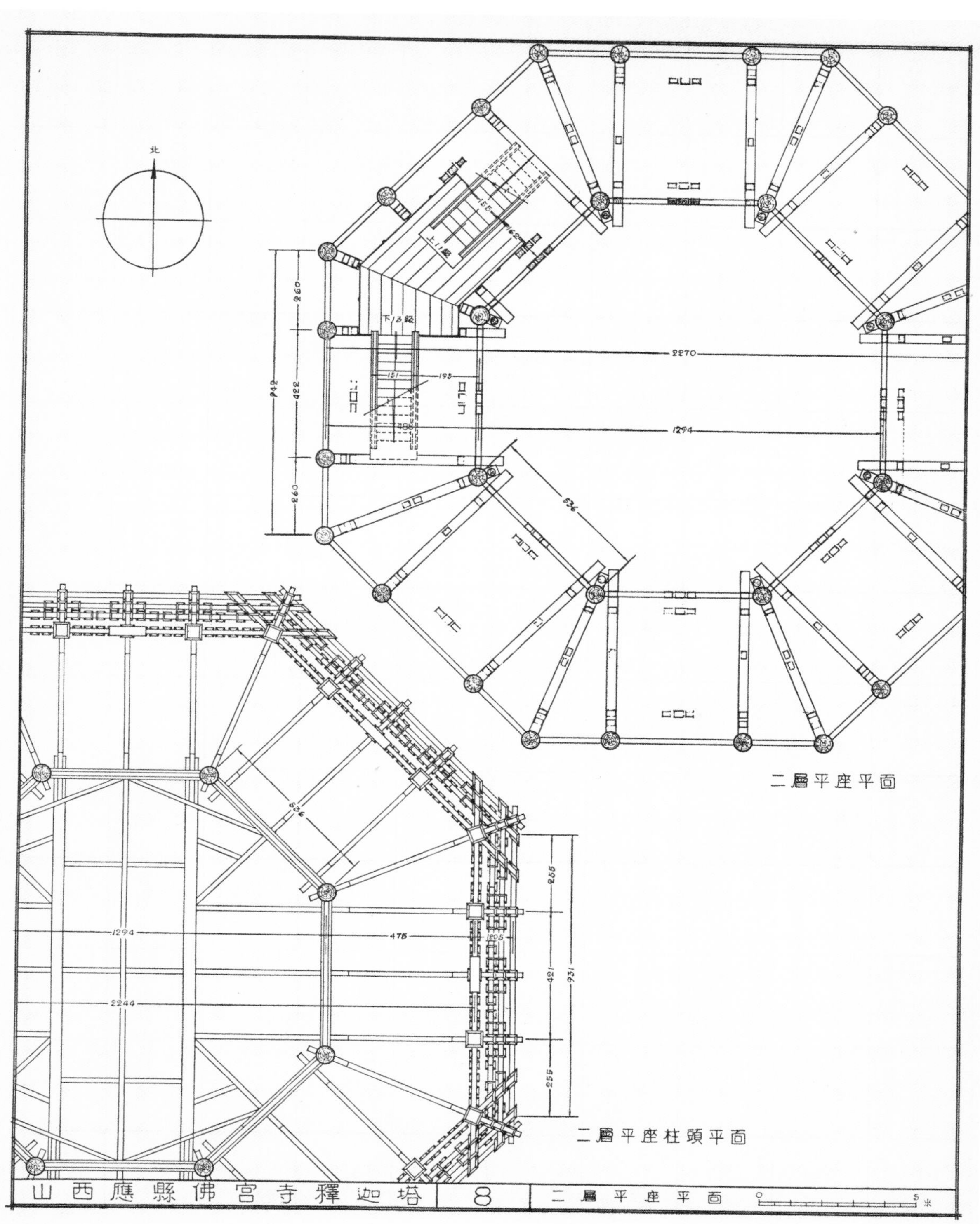
北
上11級
下13級
2270
1294
942
422
260
260
536
二層平座平面
526
255
421
931
255
1294
2244
478
二層平座柱頭平面
山西應縣佛宮寺釋迦塔
8
二層平座平面
5米

实测图 8　二层平坐平面

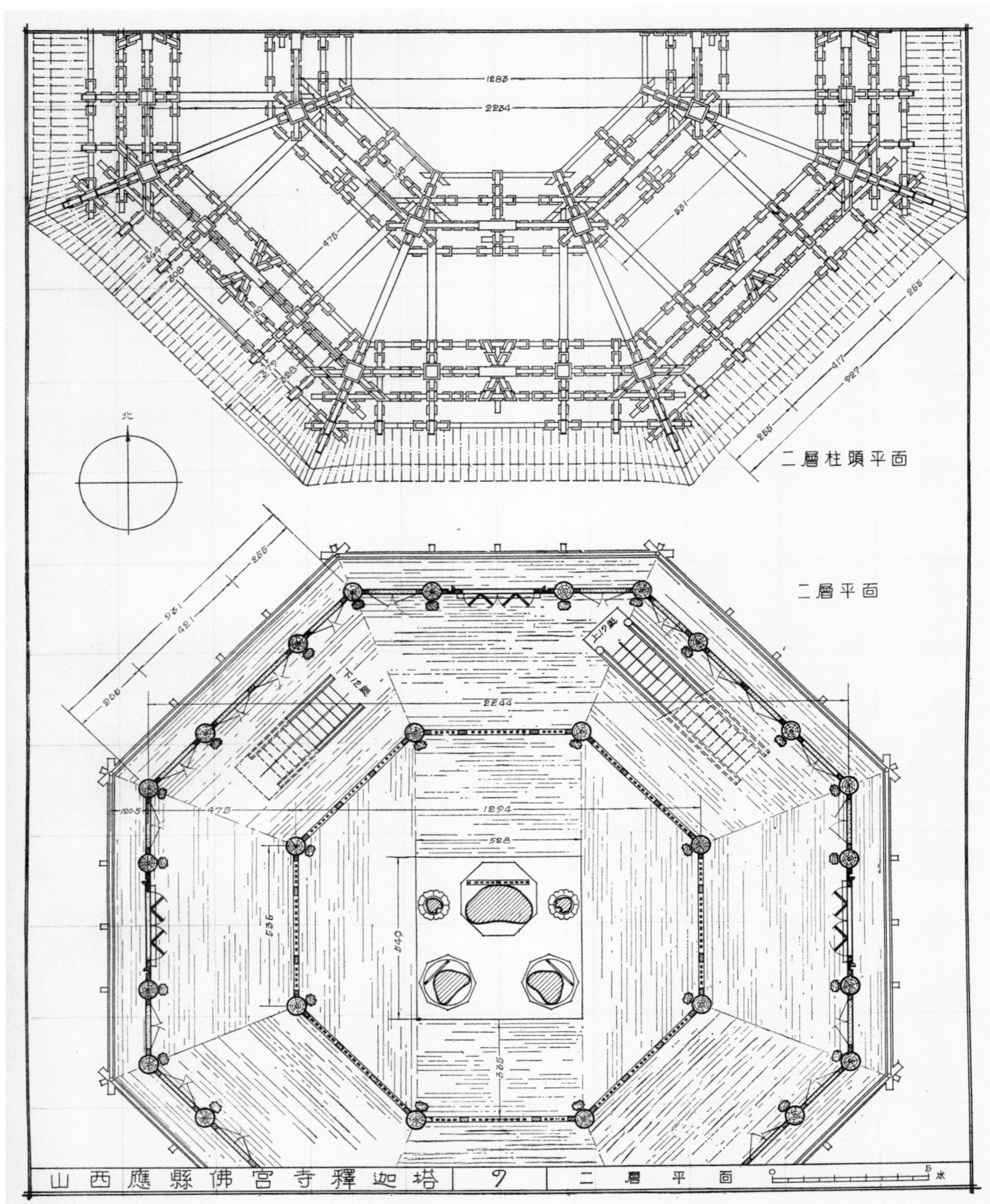

实测图 9　二层平面

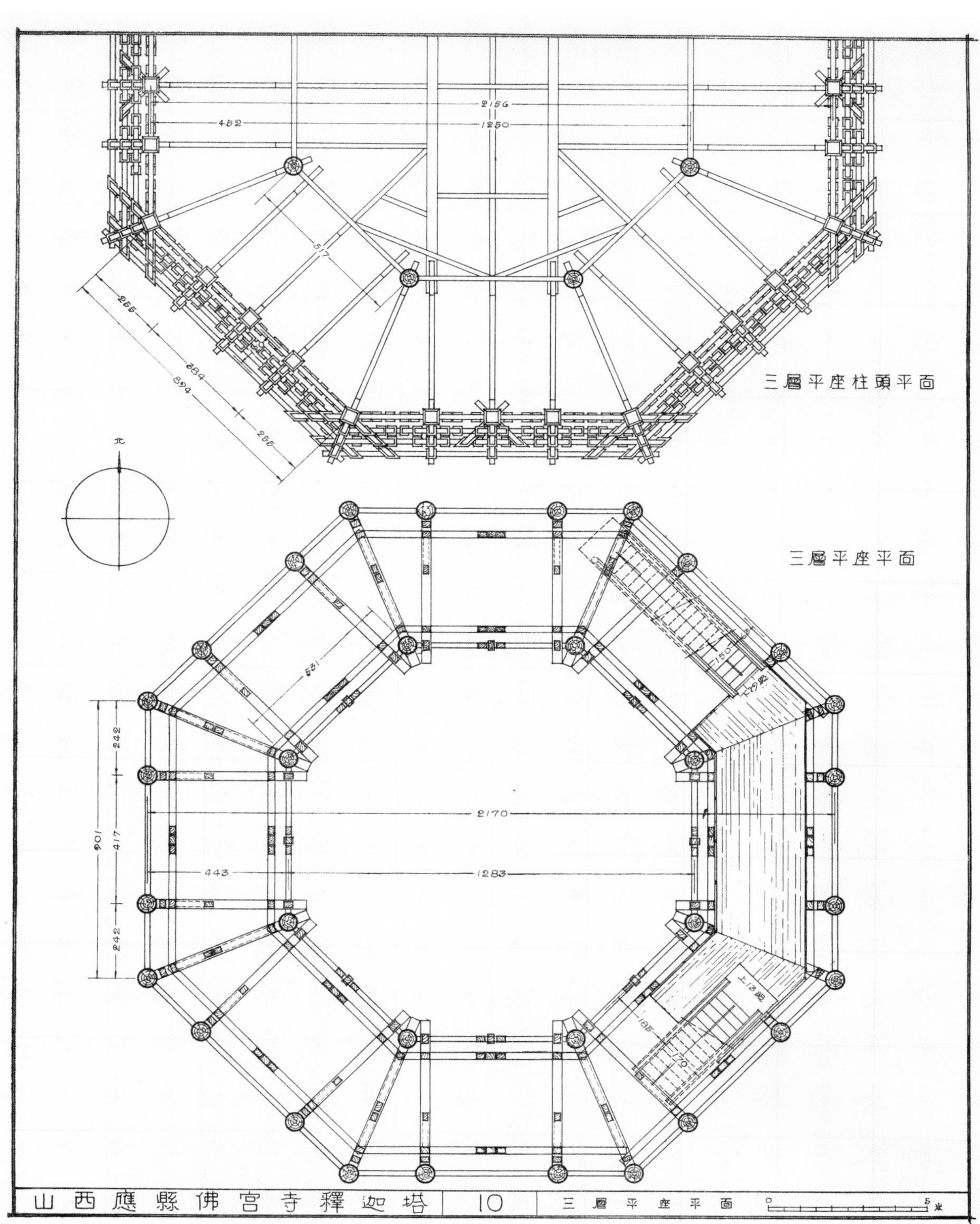

实测图 10　三层平坐平面

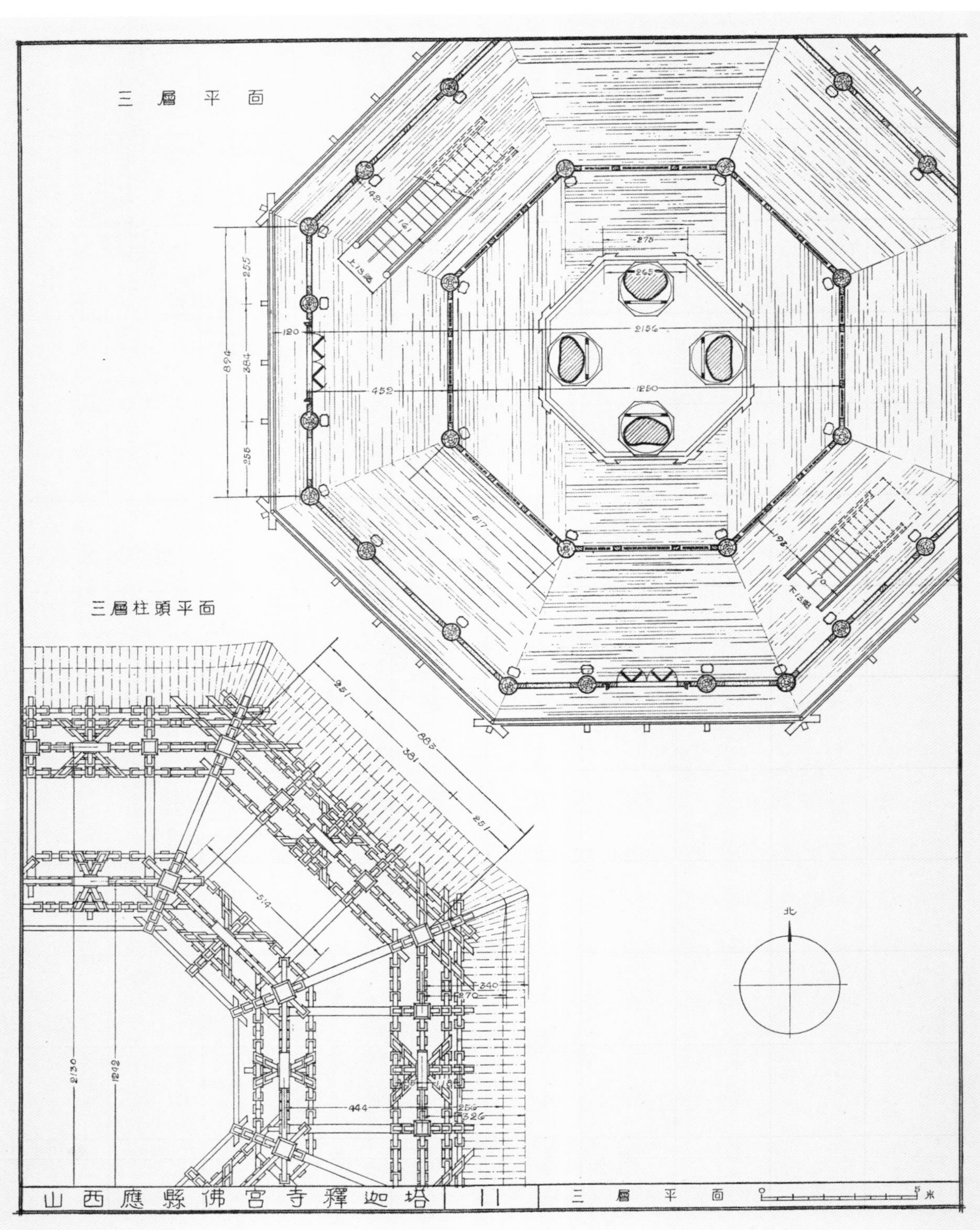

实测图 11　三层平面

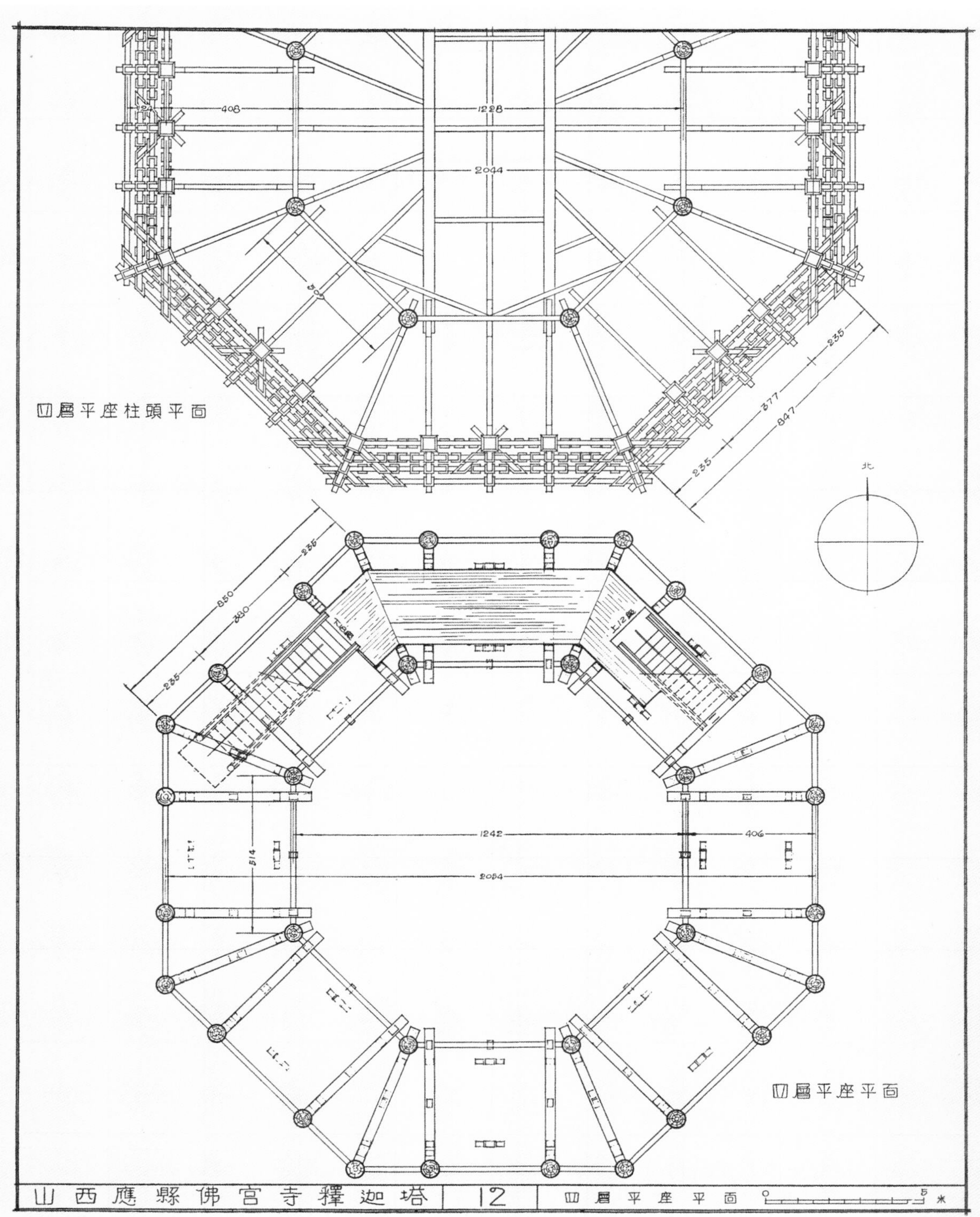

实测图12　四层平坐平面

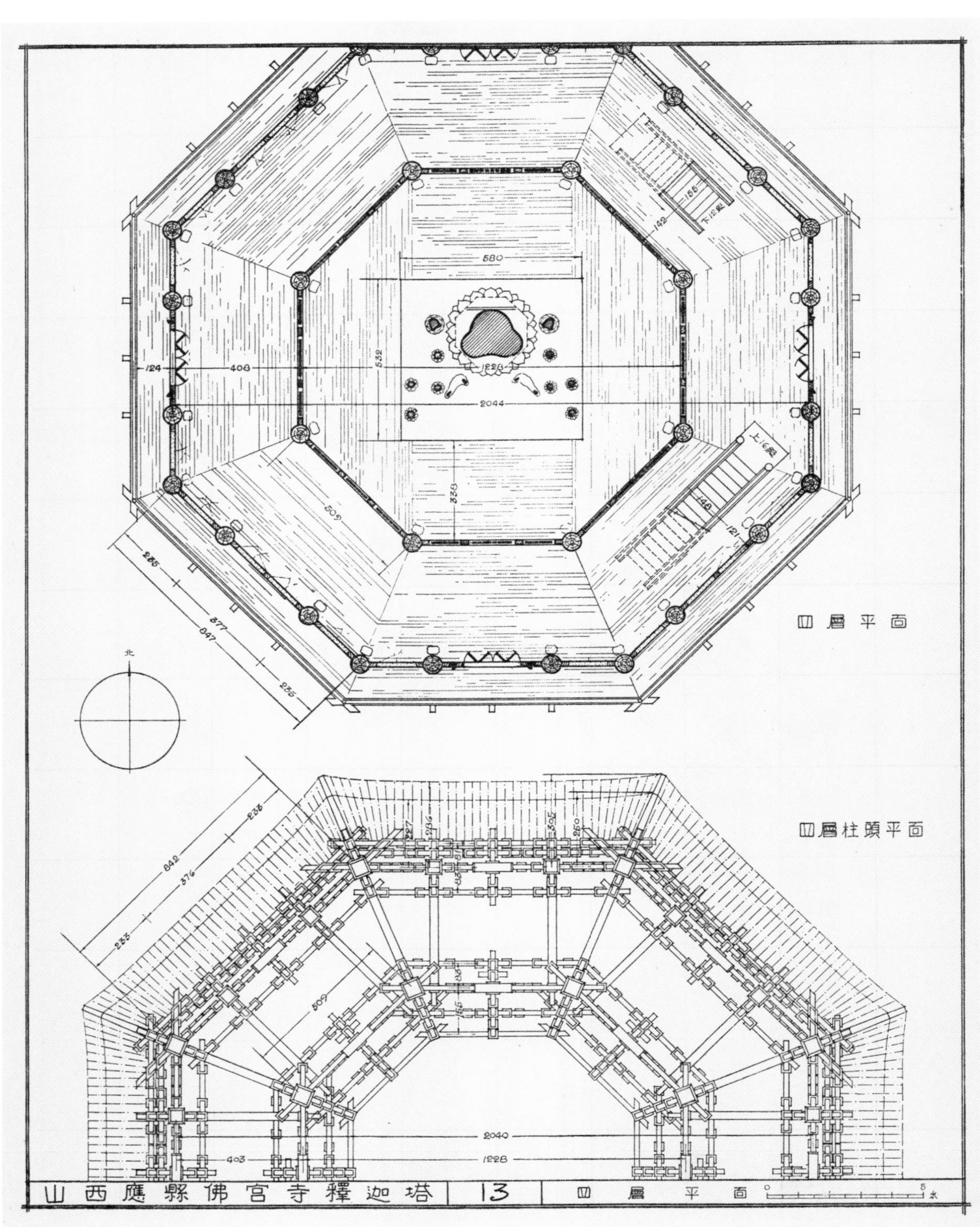

实测图 13　四层平面

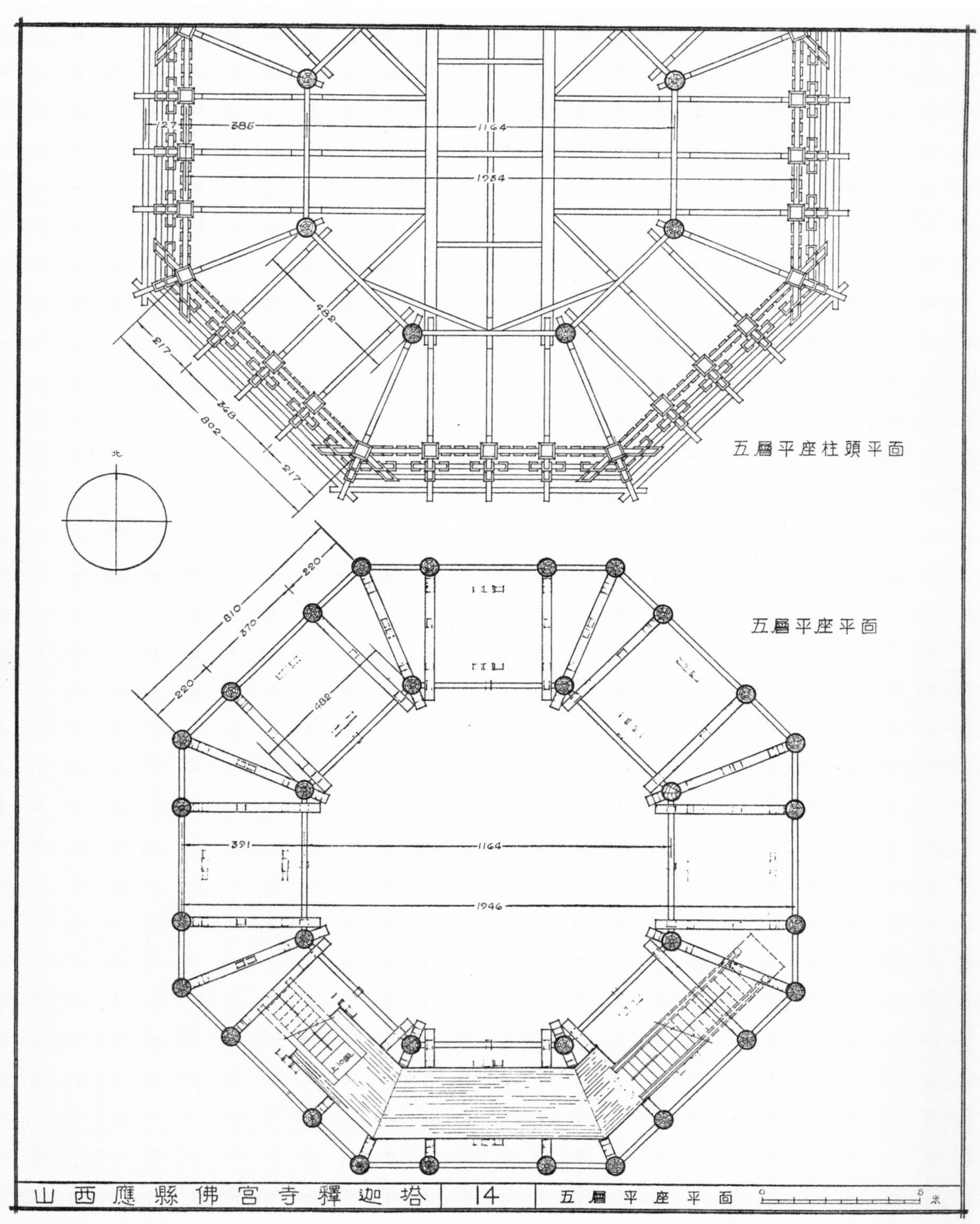

实测图 14　五层平坐平面

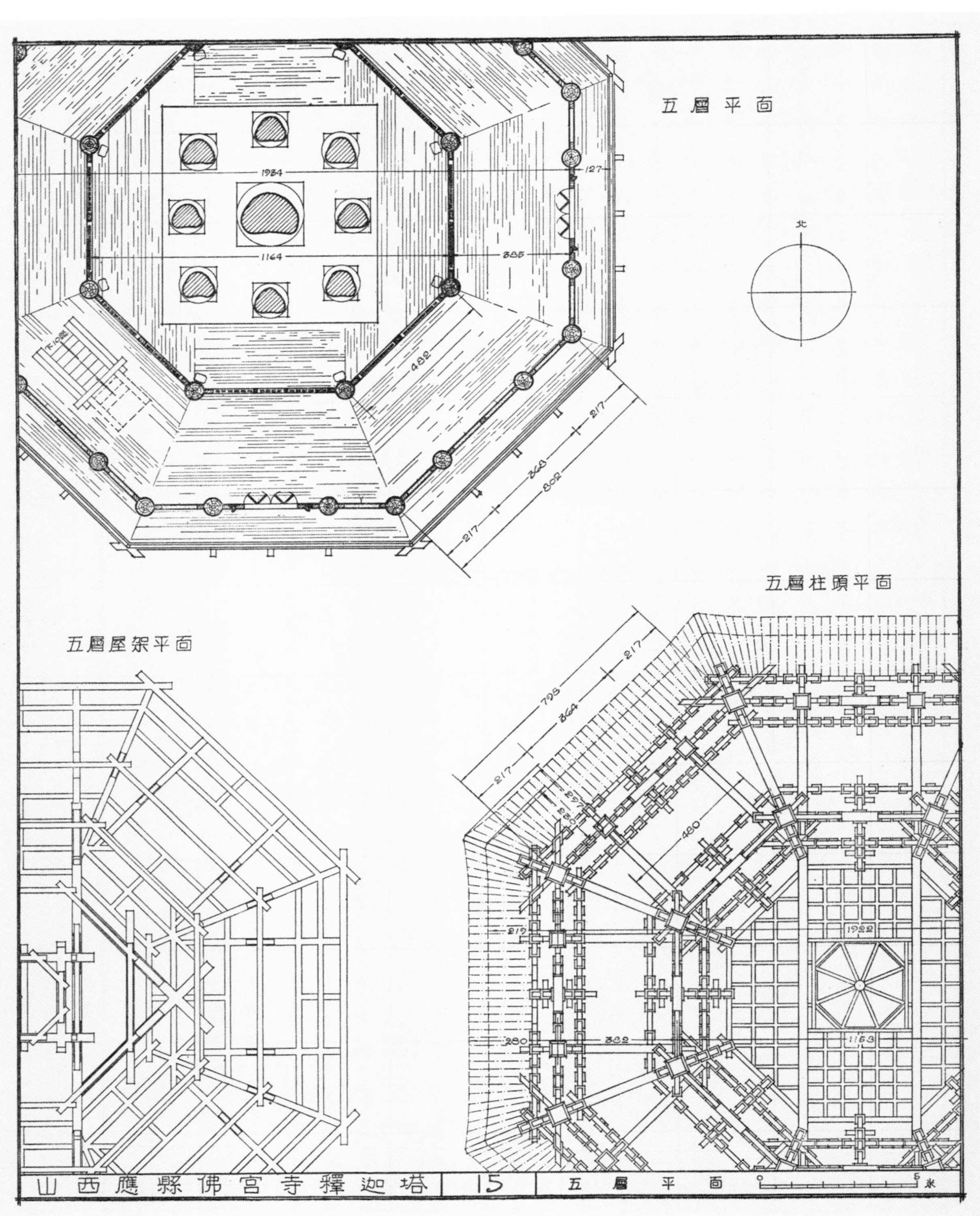
五層平面
北
1984
127
1164
385
482
217
368
802
217
五層柱頭平面
五層屋架平面
217
795
364
217
480
217
280
362
1922
1153
山西應縣佛宮寺釋迦塔
15
五層平面

实测图 15　五层平面

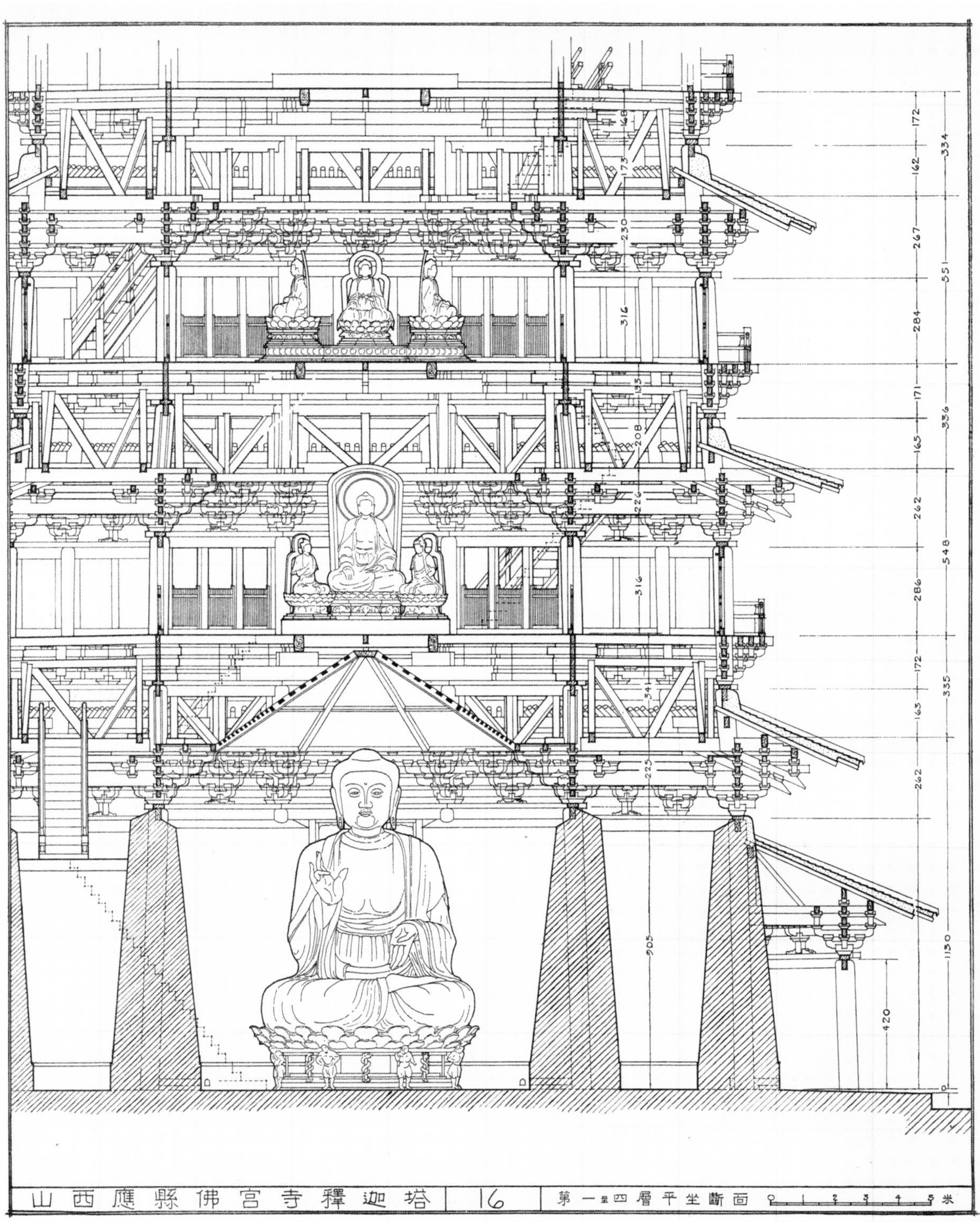

实测图 16a　第一至四层平坐断面

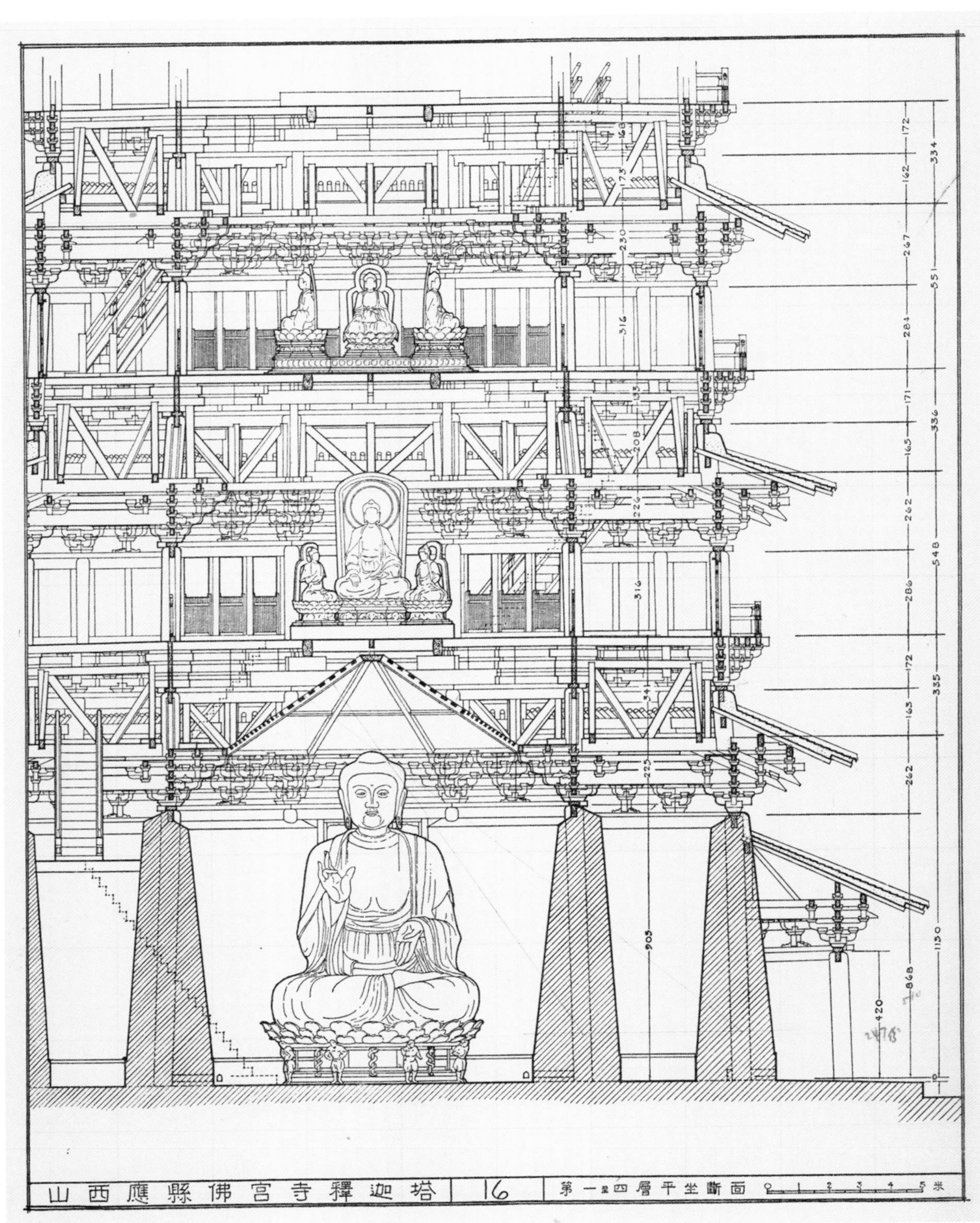

实测图 16b　第一至四层平坐断面（作者批注本之一）

实测图 16c　第一至四层平坐断面（作者批注本之二）

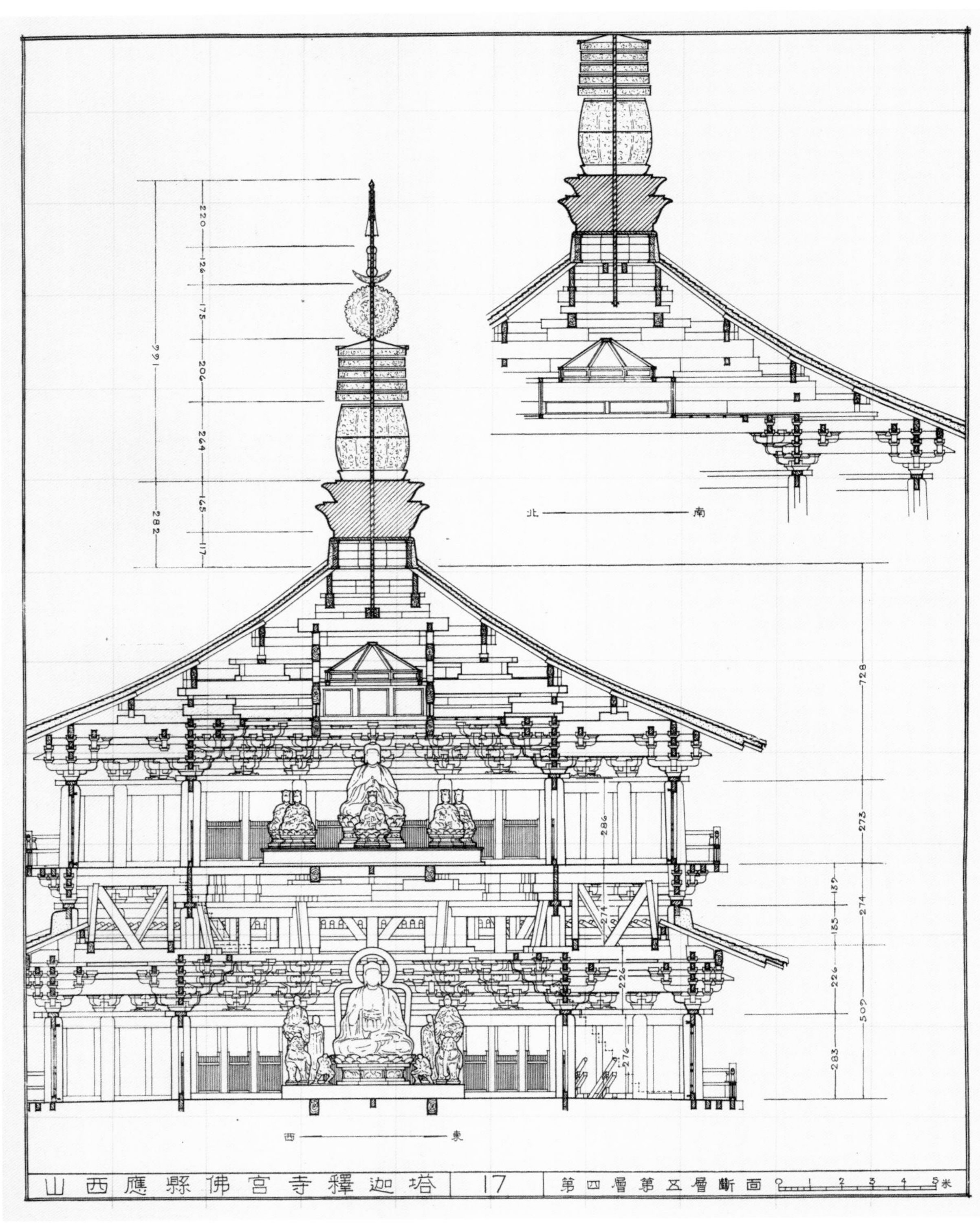

实测图 17a　第四、五层断面

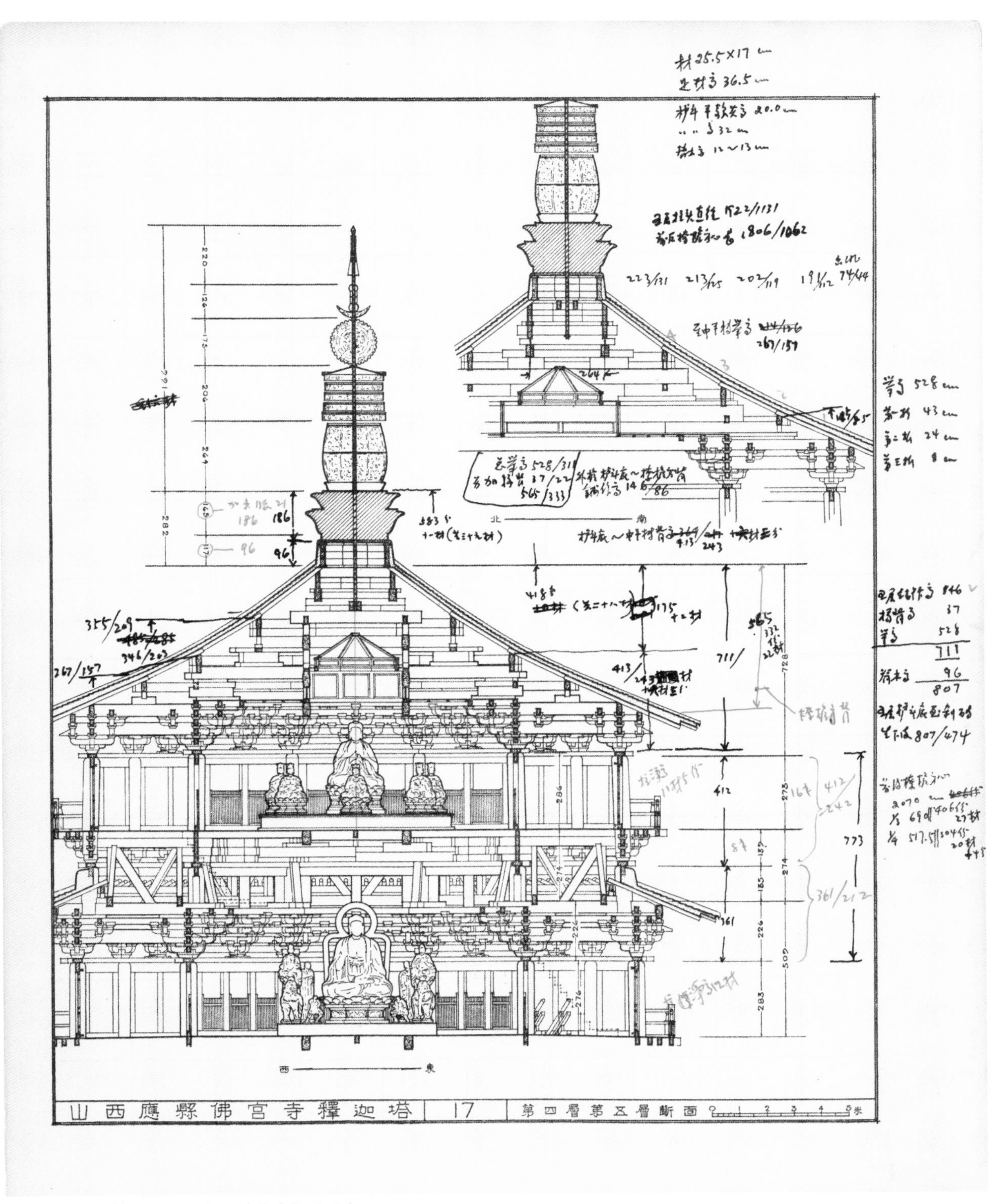

实测图 17b　第四、五层断面（作者批注本）

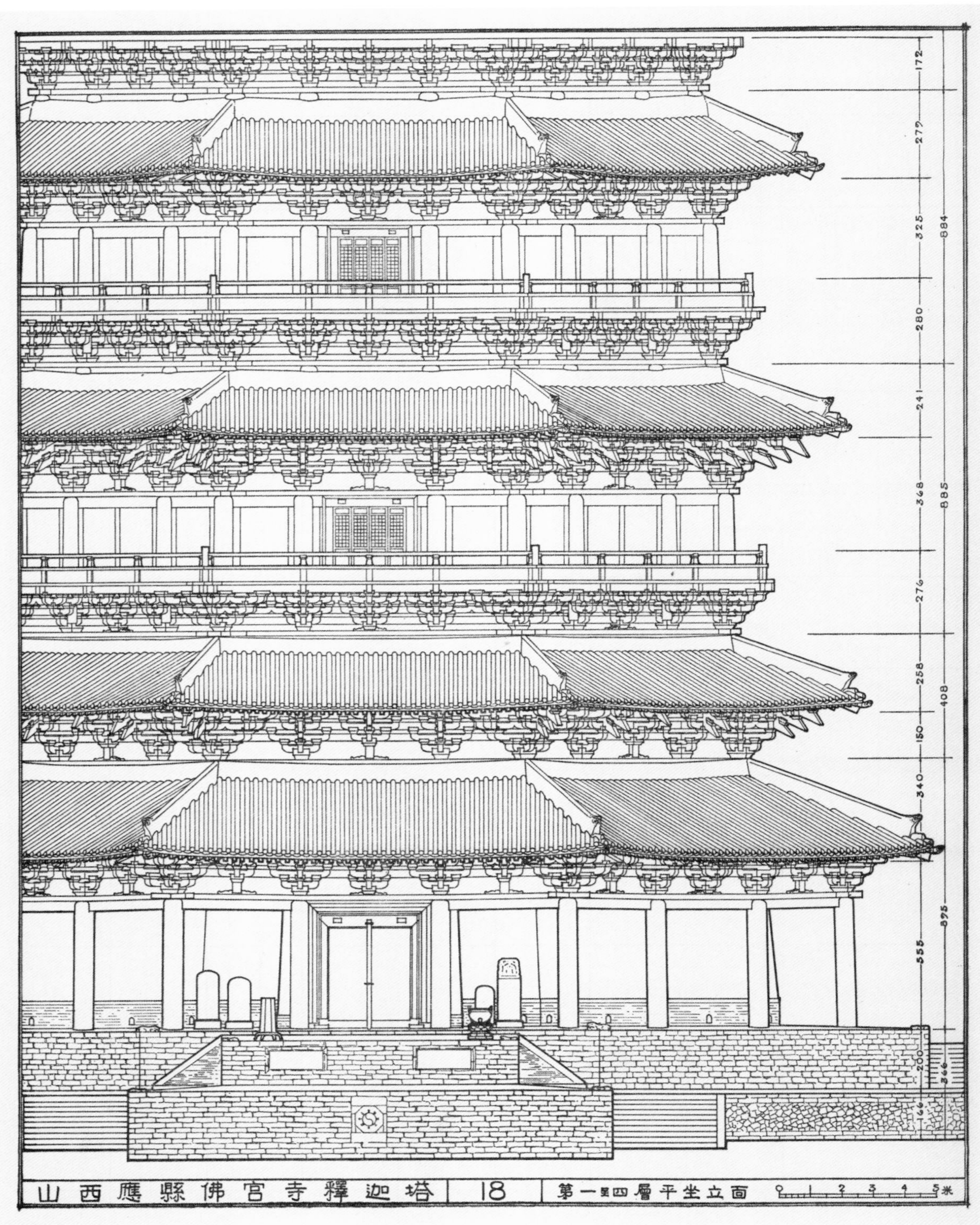

实测图 18　第一至四层平坐立面

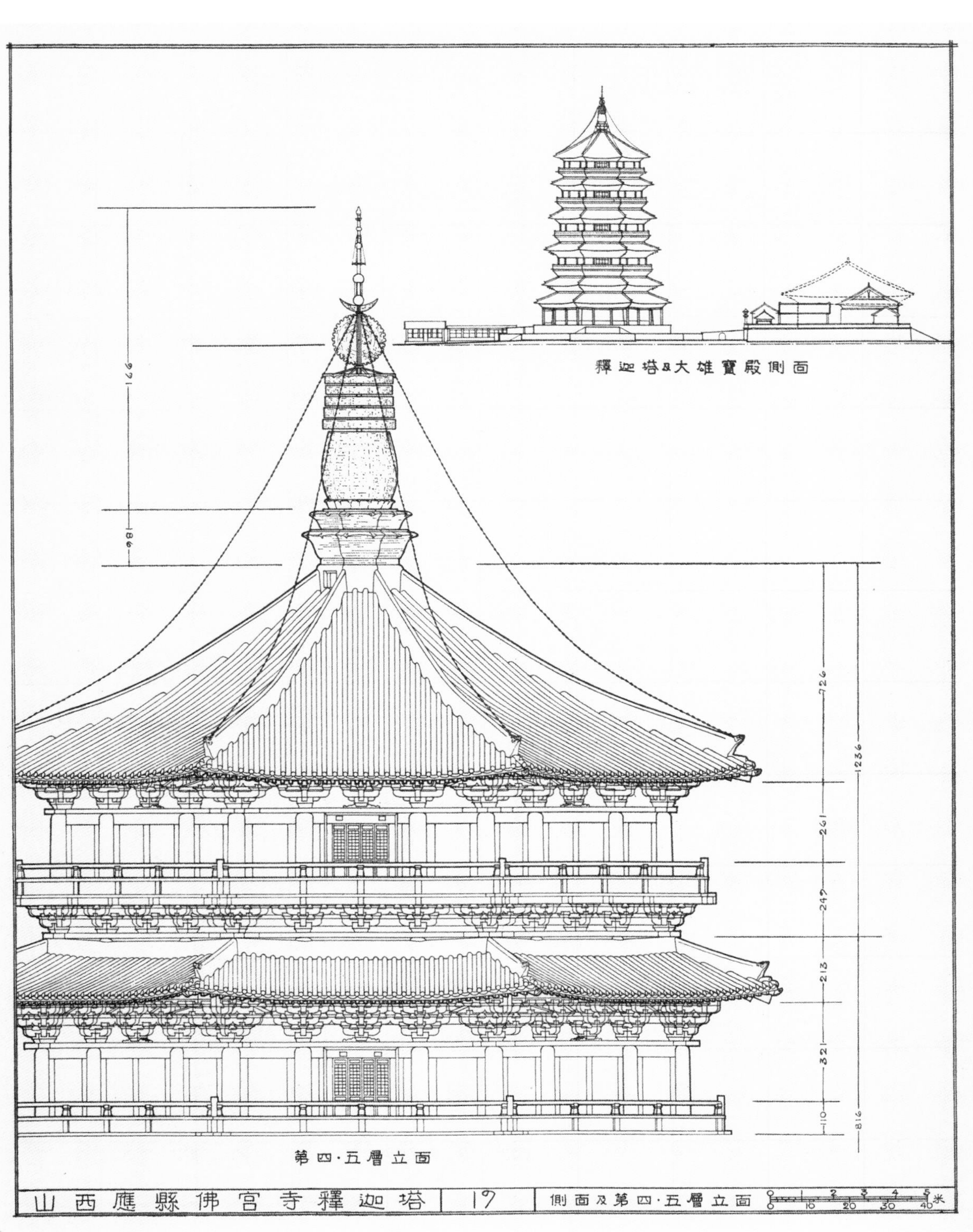

实测图 19　侧面及第四、五层立面

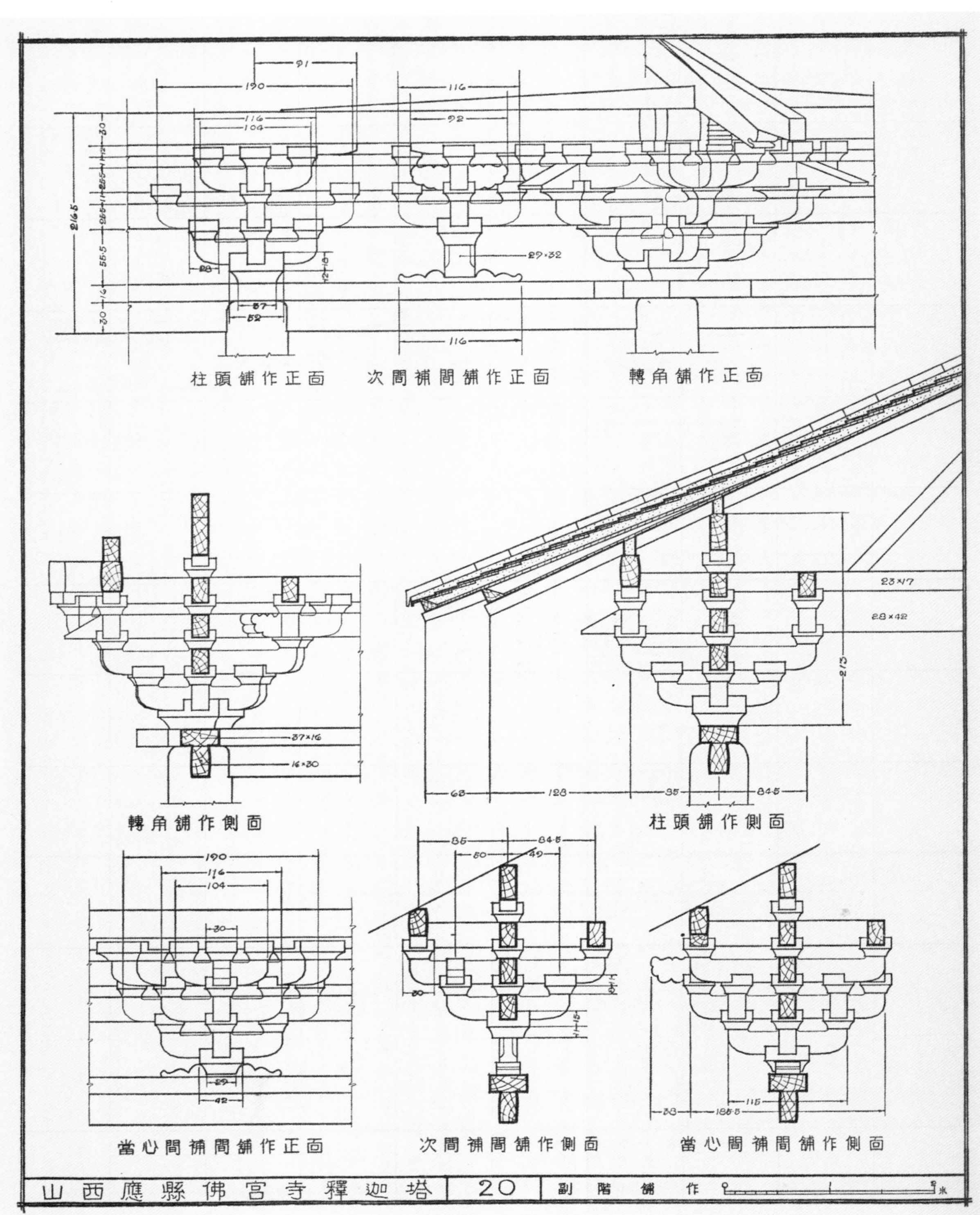
柱頭鋪作正面
次間補間鋪作正面
轉角鋪作正面
轉角鋪作側面
柱頭鋪作側面
當心間補間鋪作正面
次間補間鋪作側面
當心間補間鋪作側面
山西應縣佛宮寺釋迦塔
20
副階鋪作

实测图 20　副阶铺作

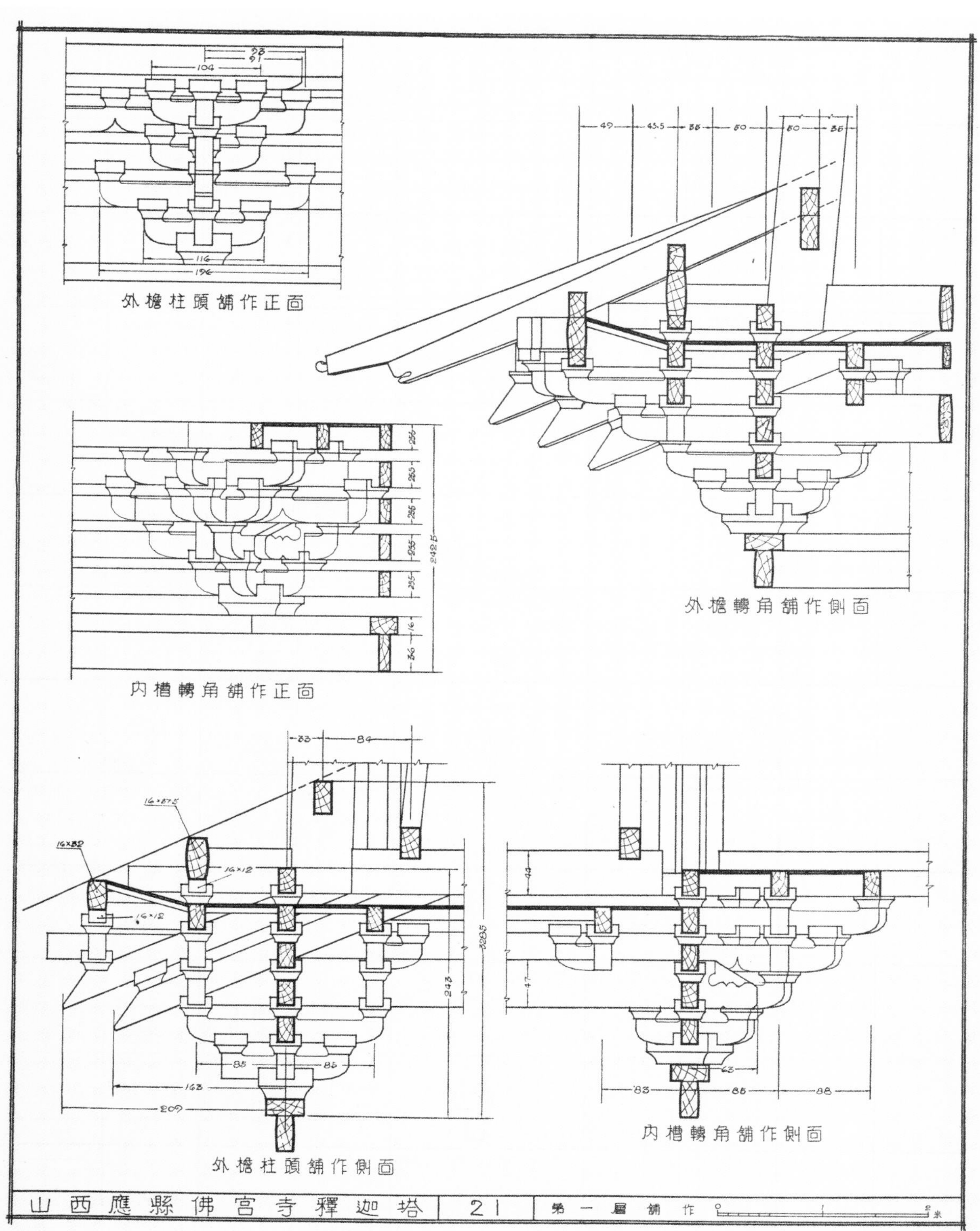

实测图 21　第一层铺作之一

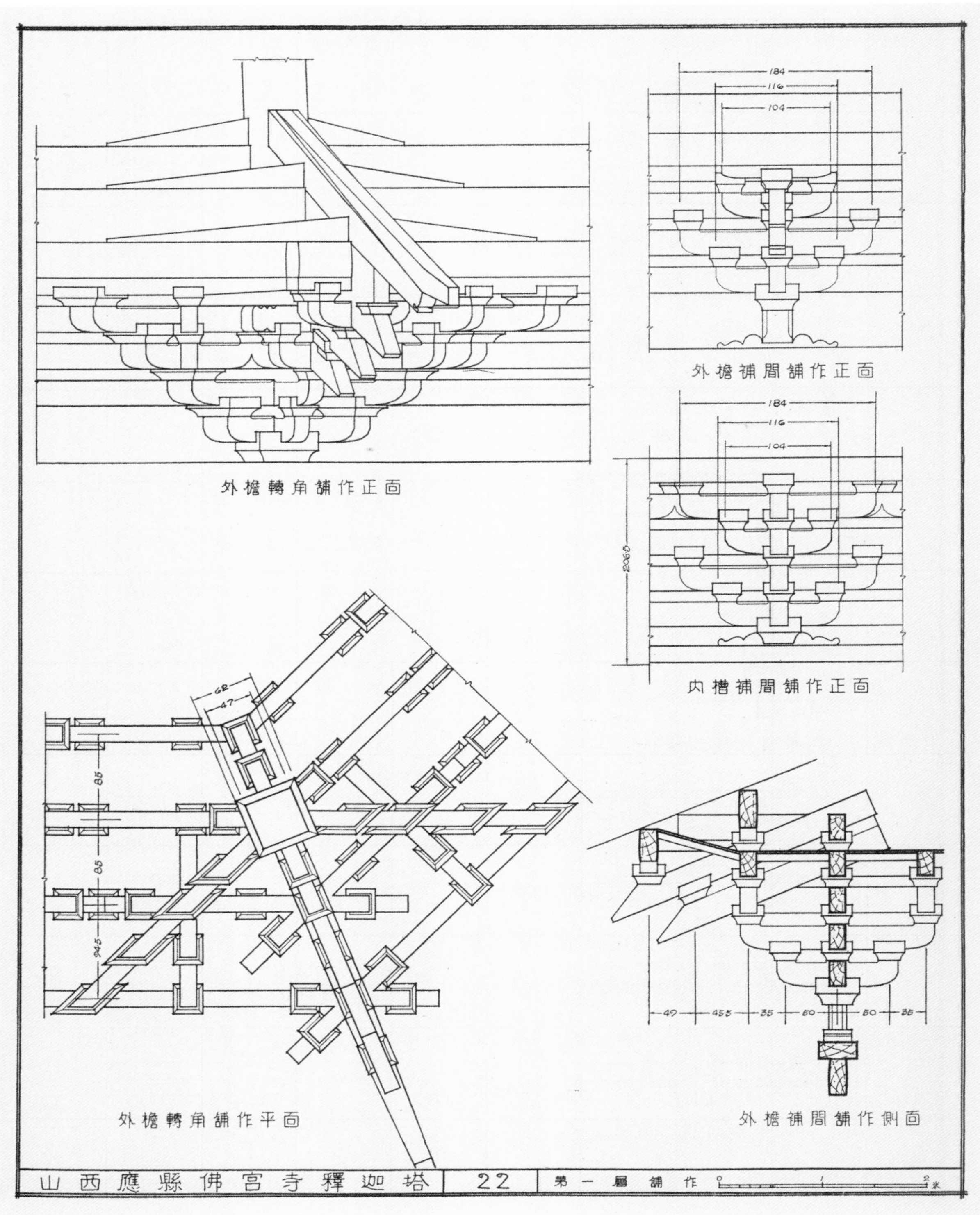

实测图 22　第一层铺作之二

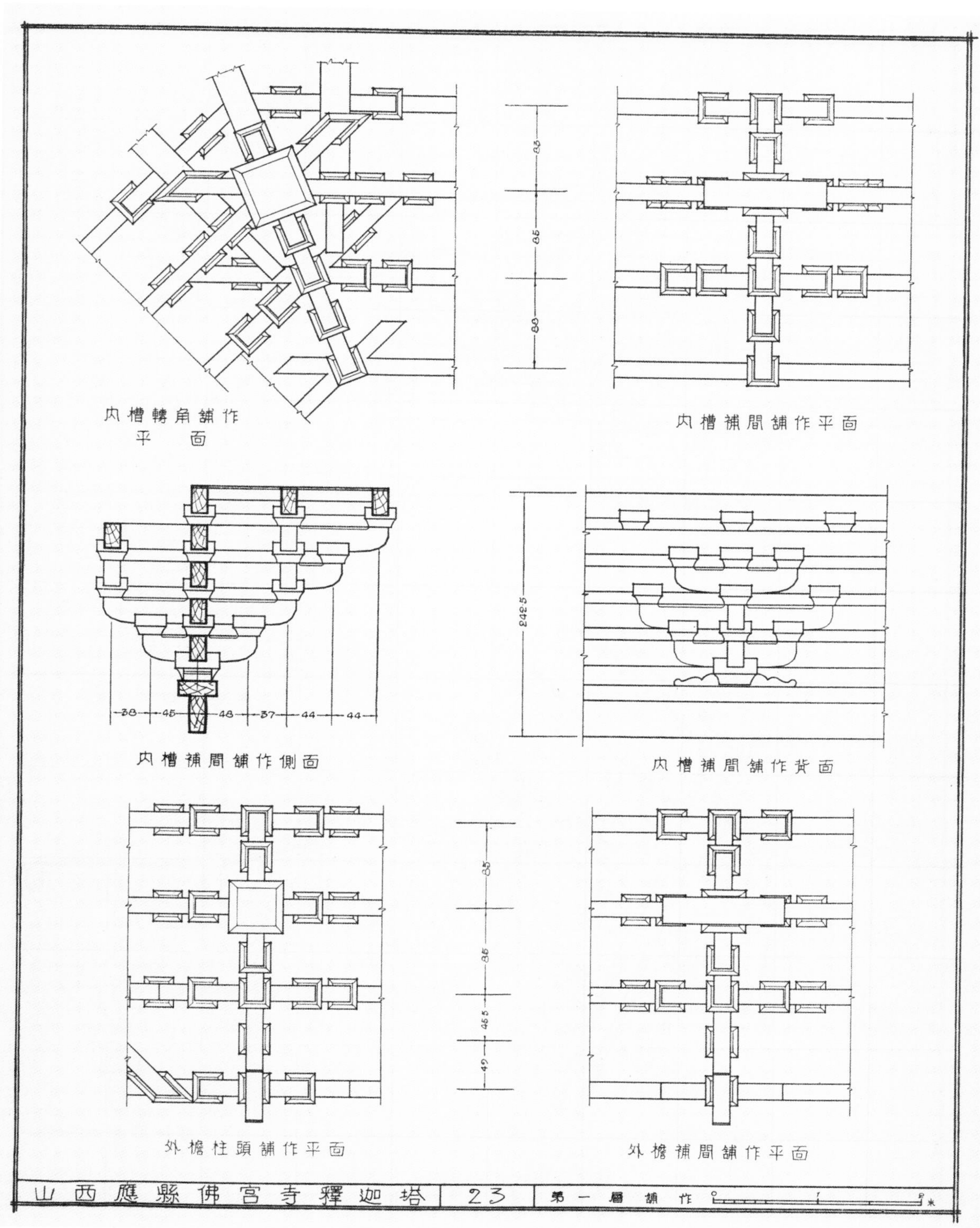

实测图 23　第一层铺作之三

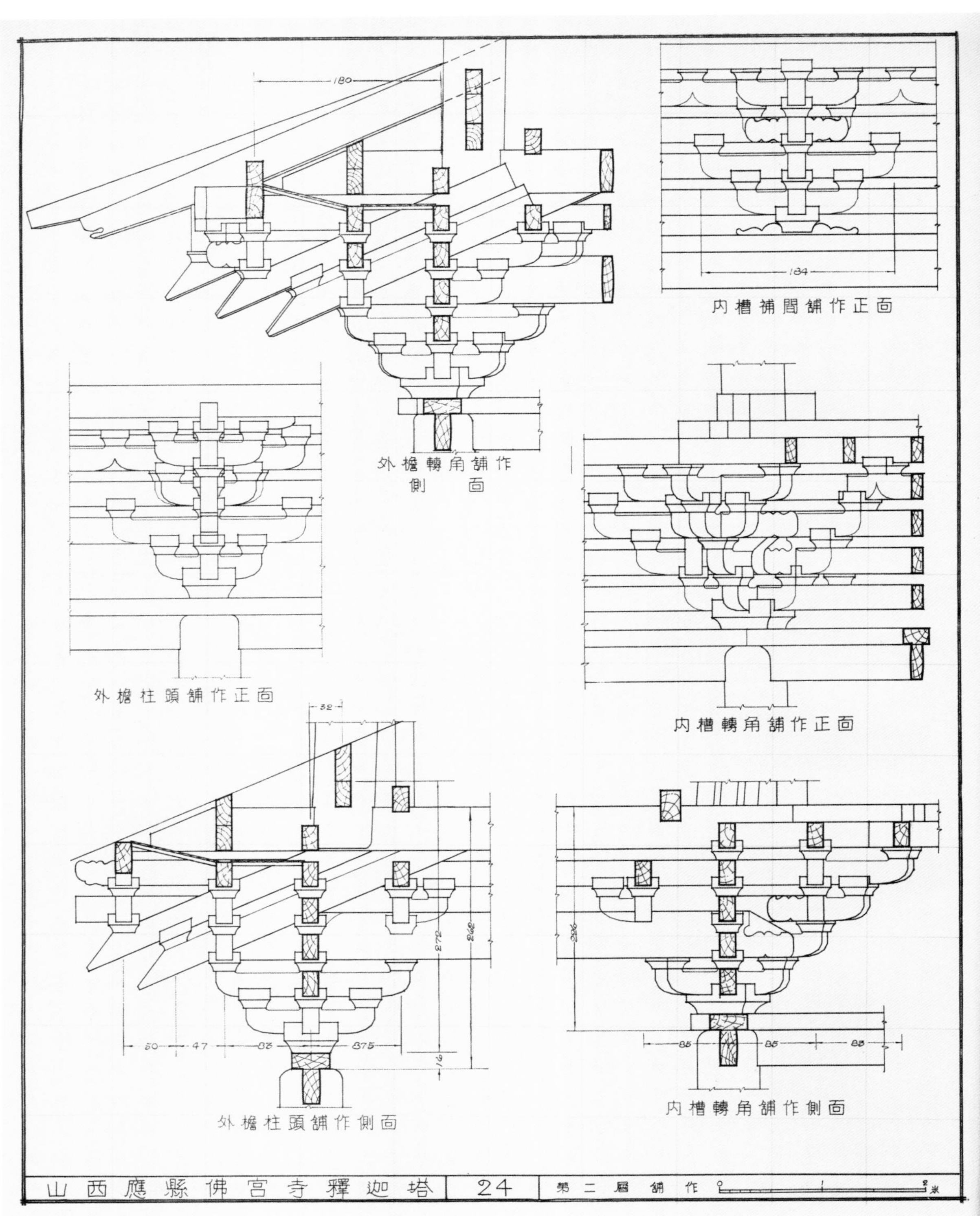

实测图 24a　第二层铺作之一

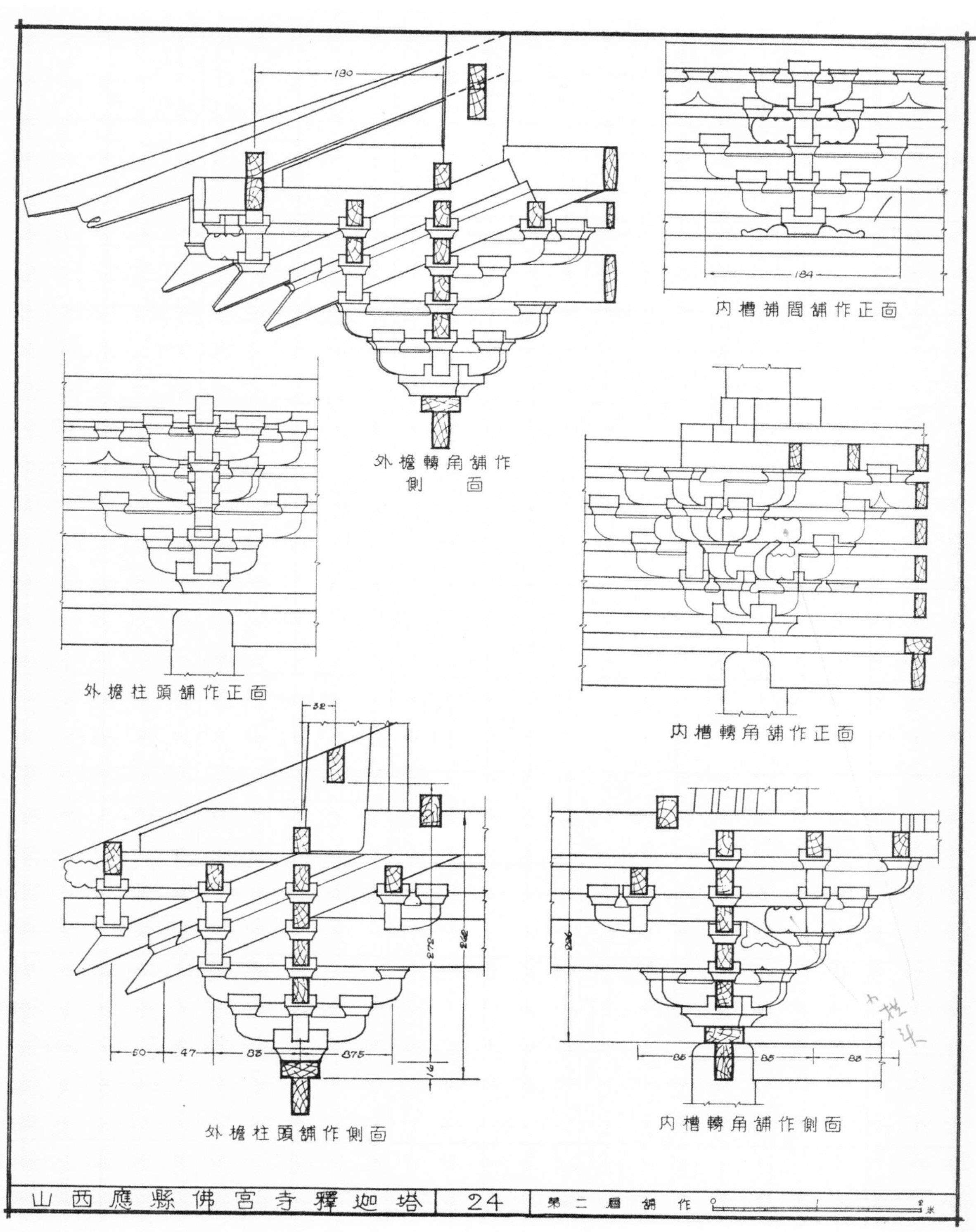

实测图 24b　第二层铺作之一（作者批注本）

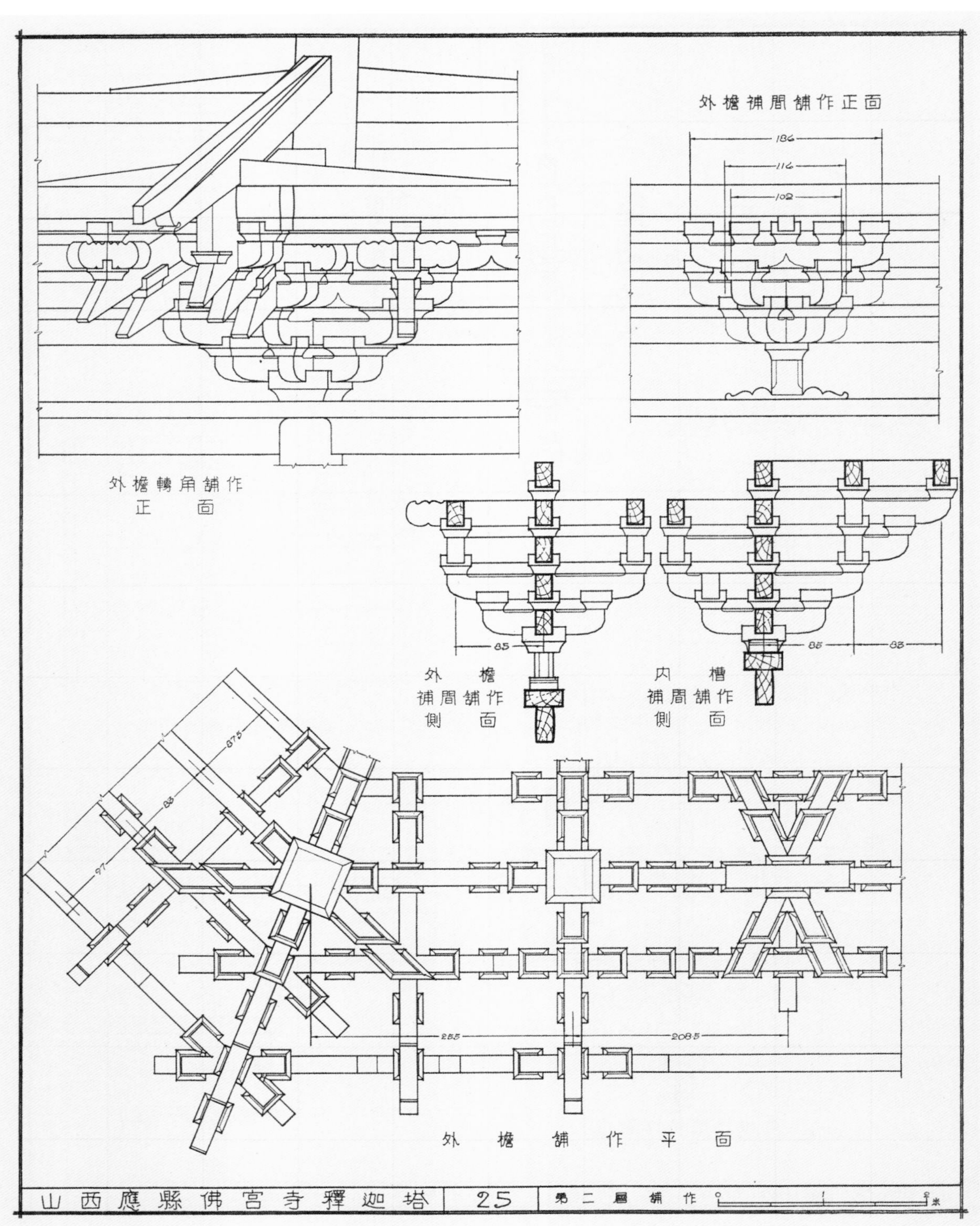

实测图 25 第二层铺作之二

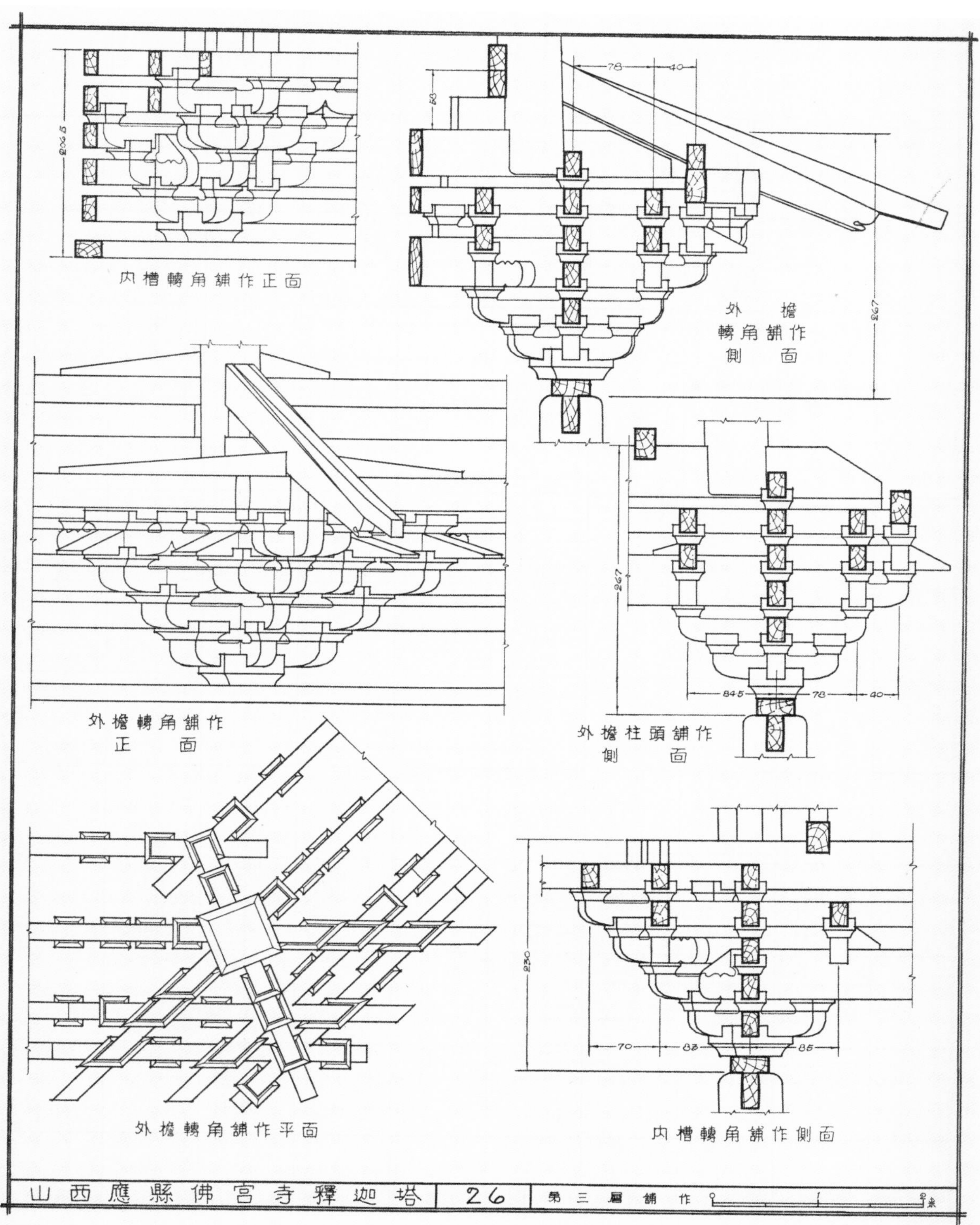

实测图 26　第三层铺作之一

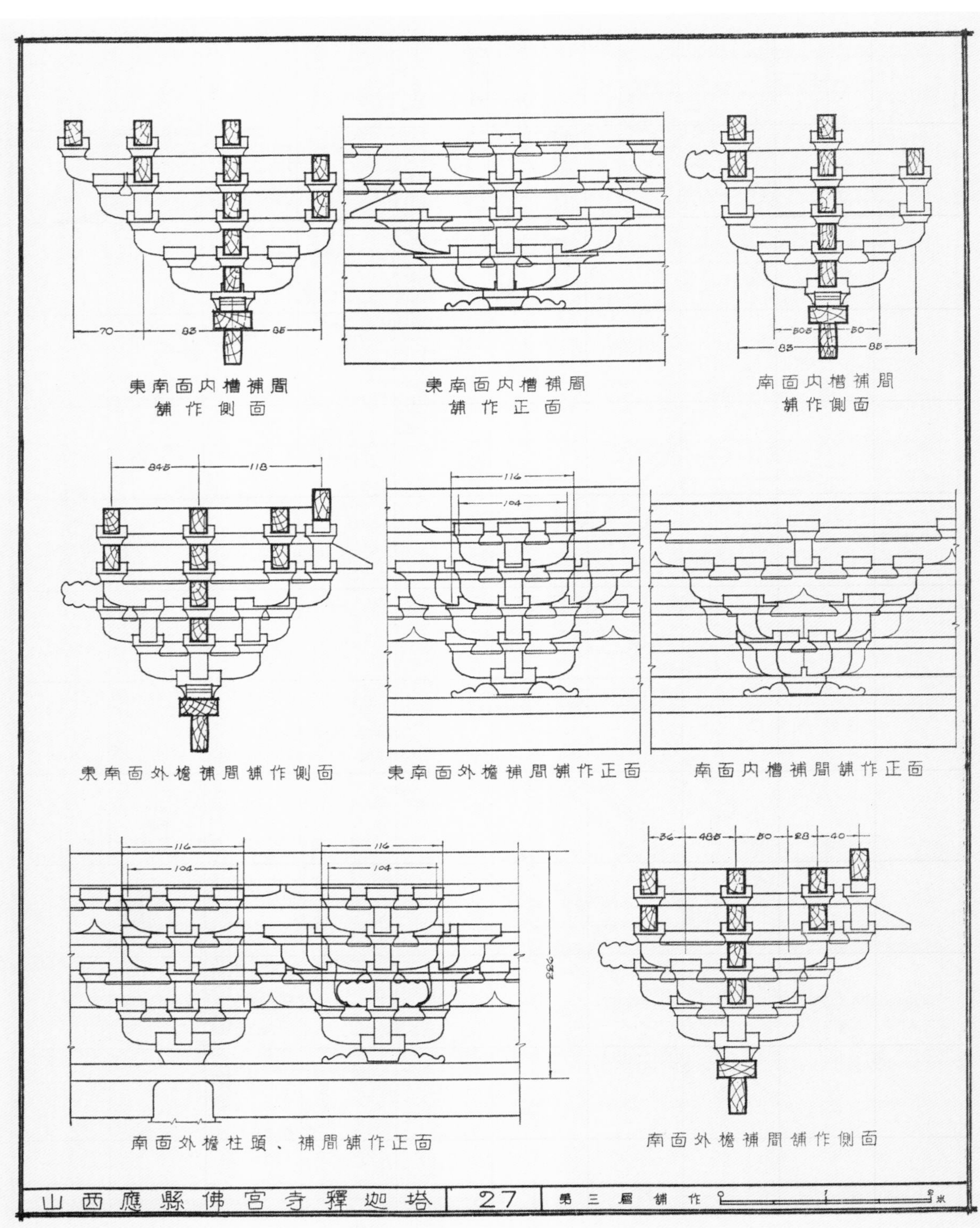

实测图 27　第三层铺作之二

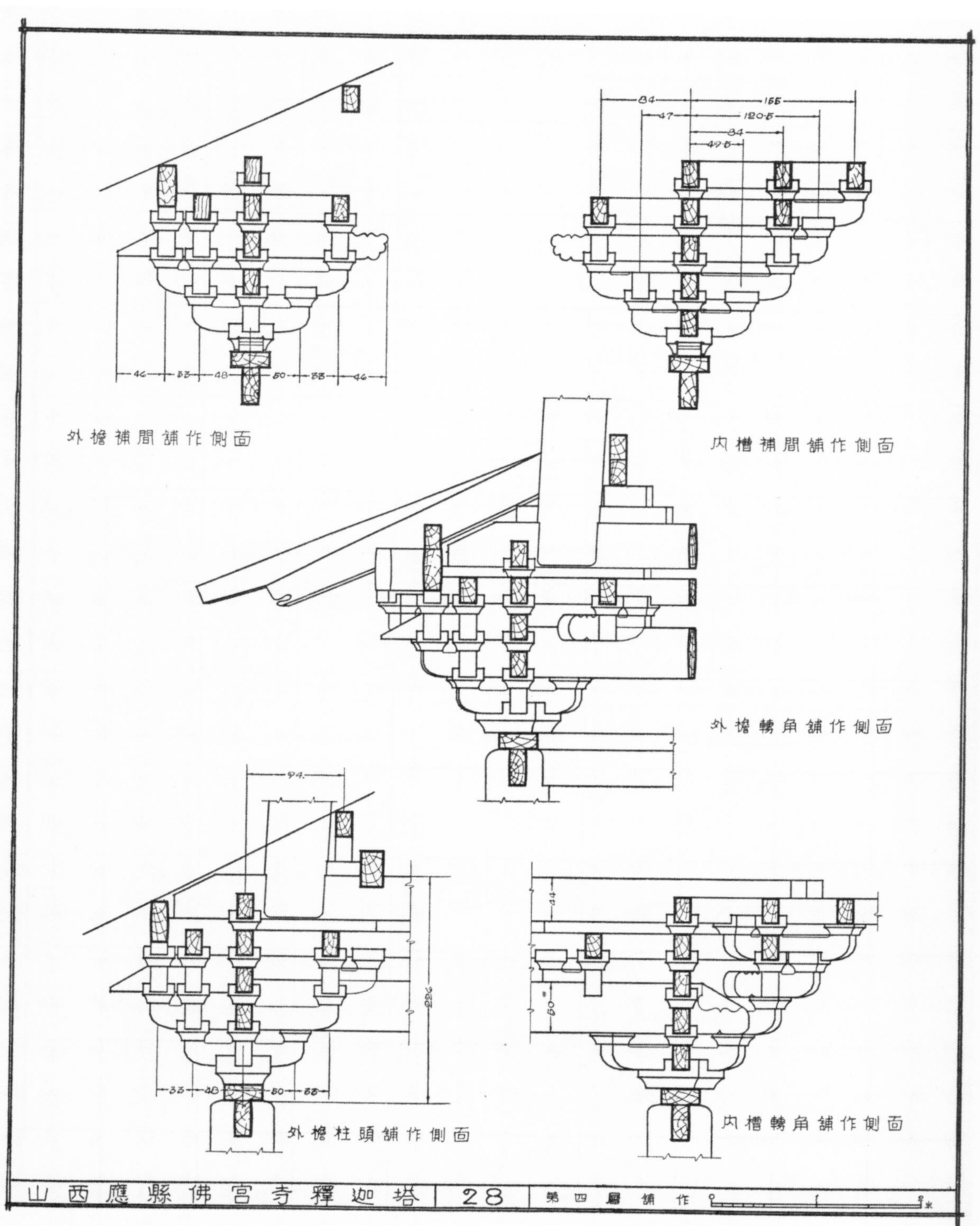

实测图 28　第四层铺作之一

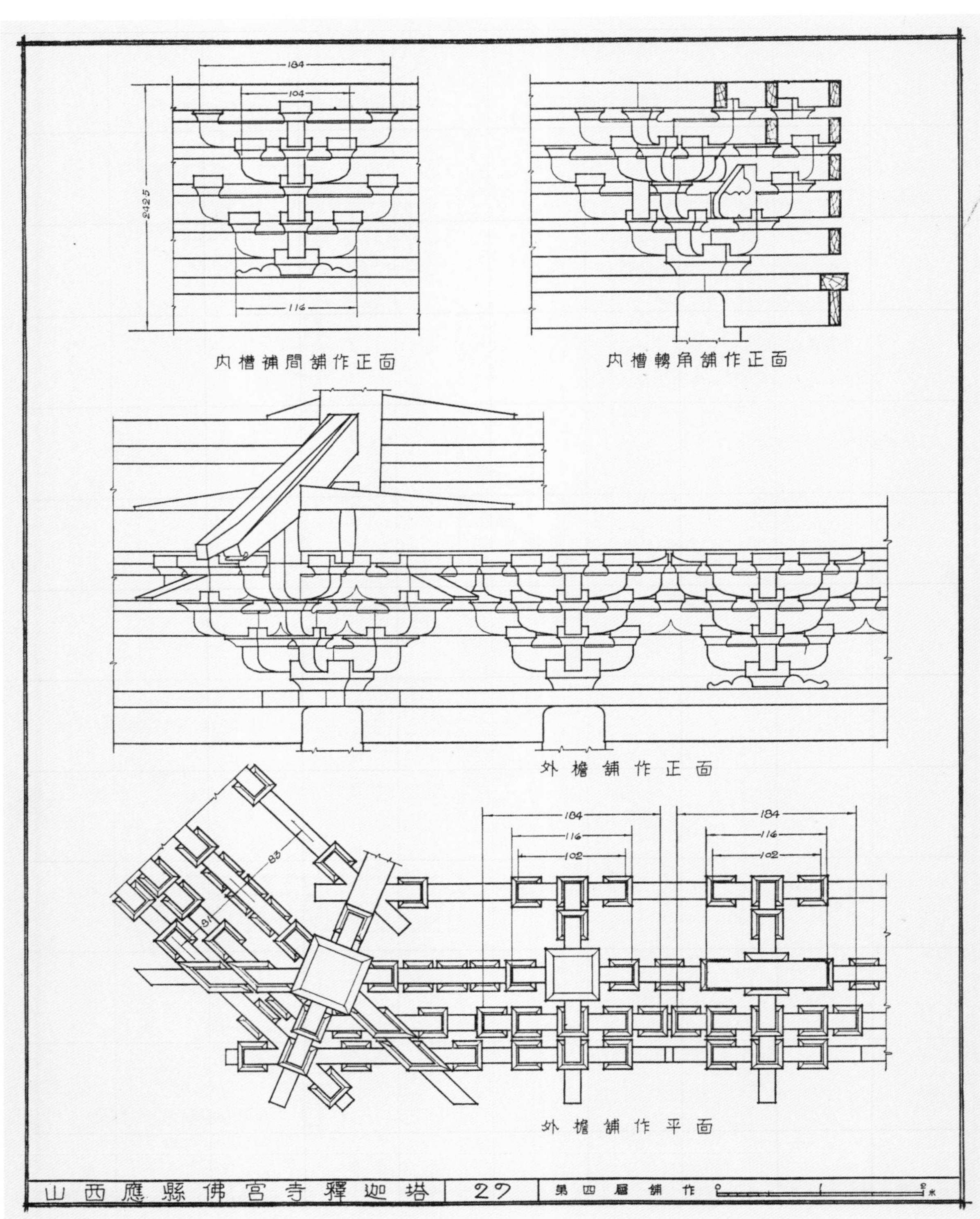

实测图 29　第四层铺作之二

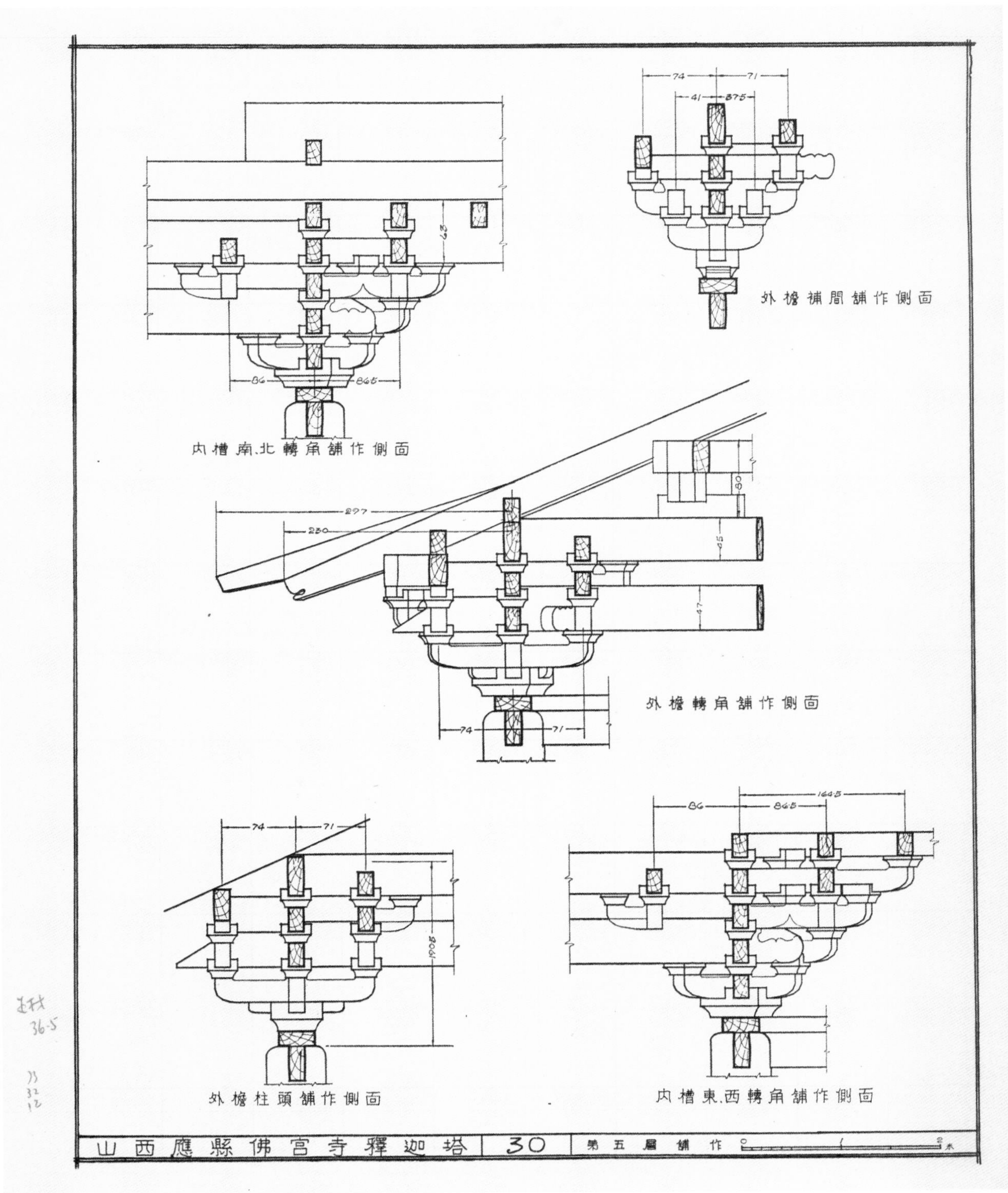

实测图 30　第五层铺作之一（作者批注本）

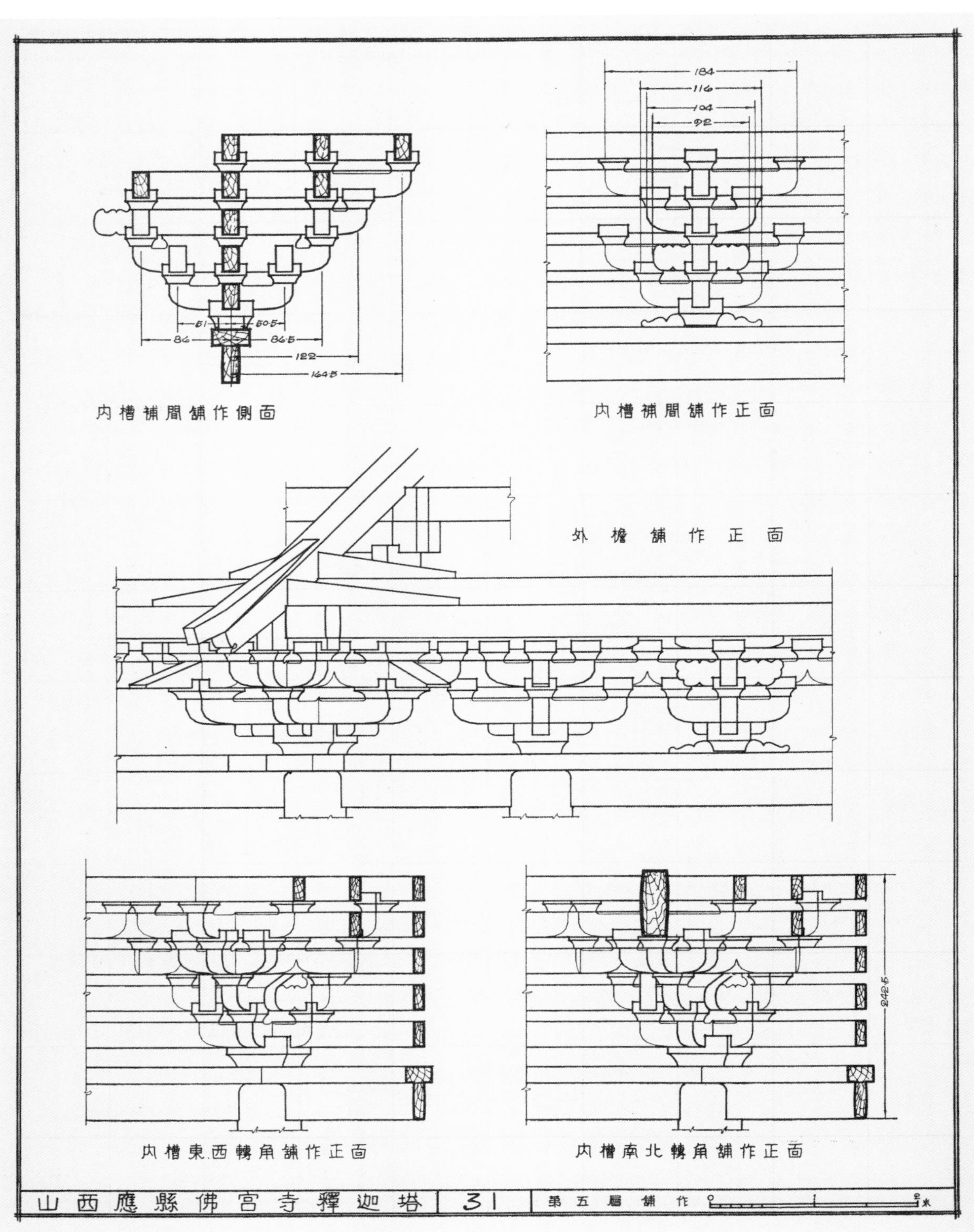

实测图 31　第五层铺作之二

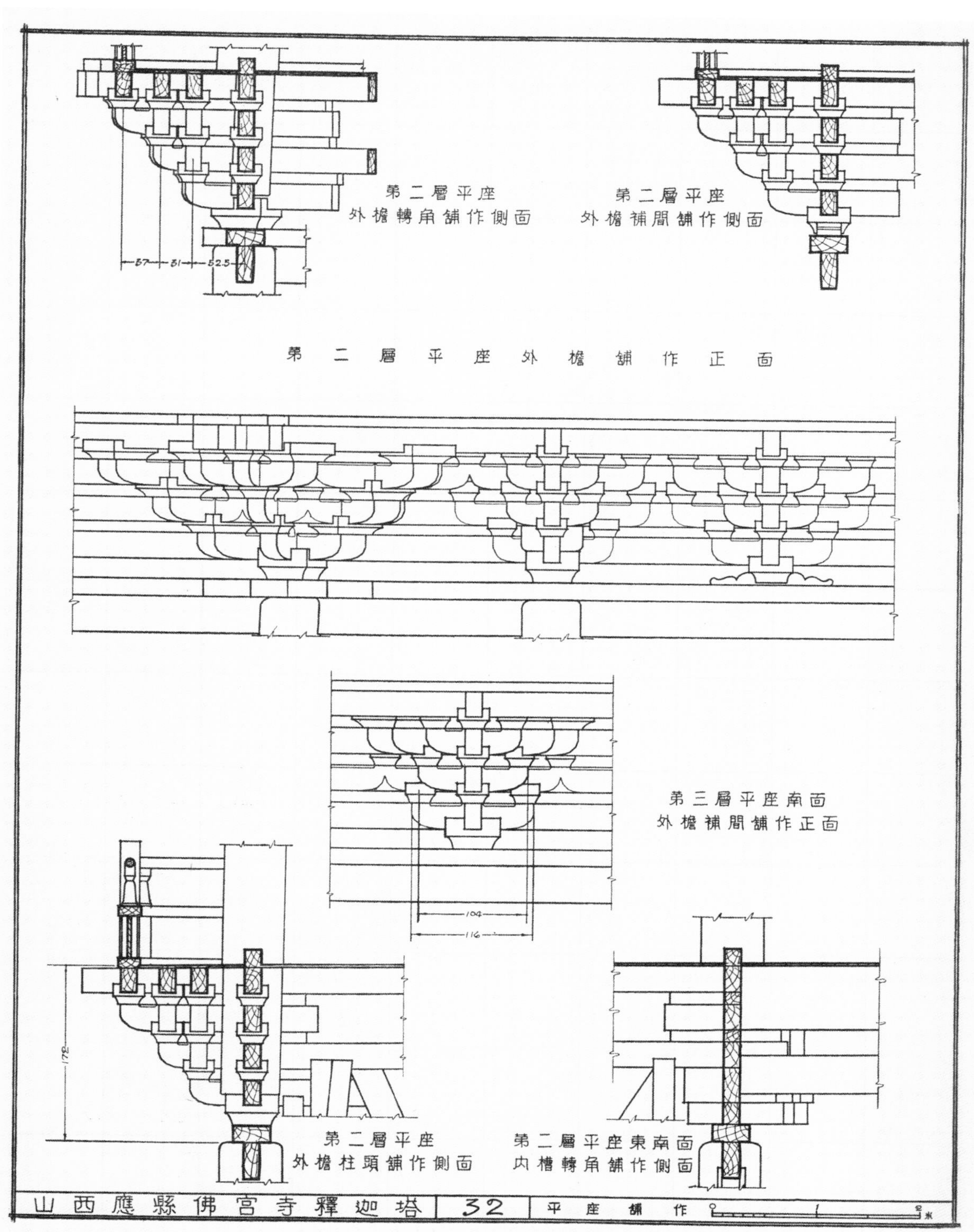

实测图 32　平坐铺作之一

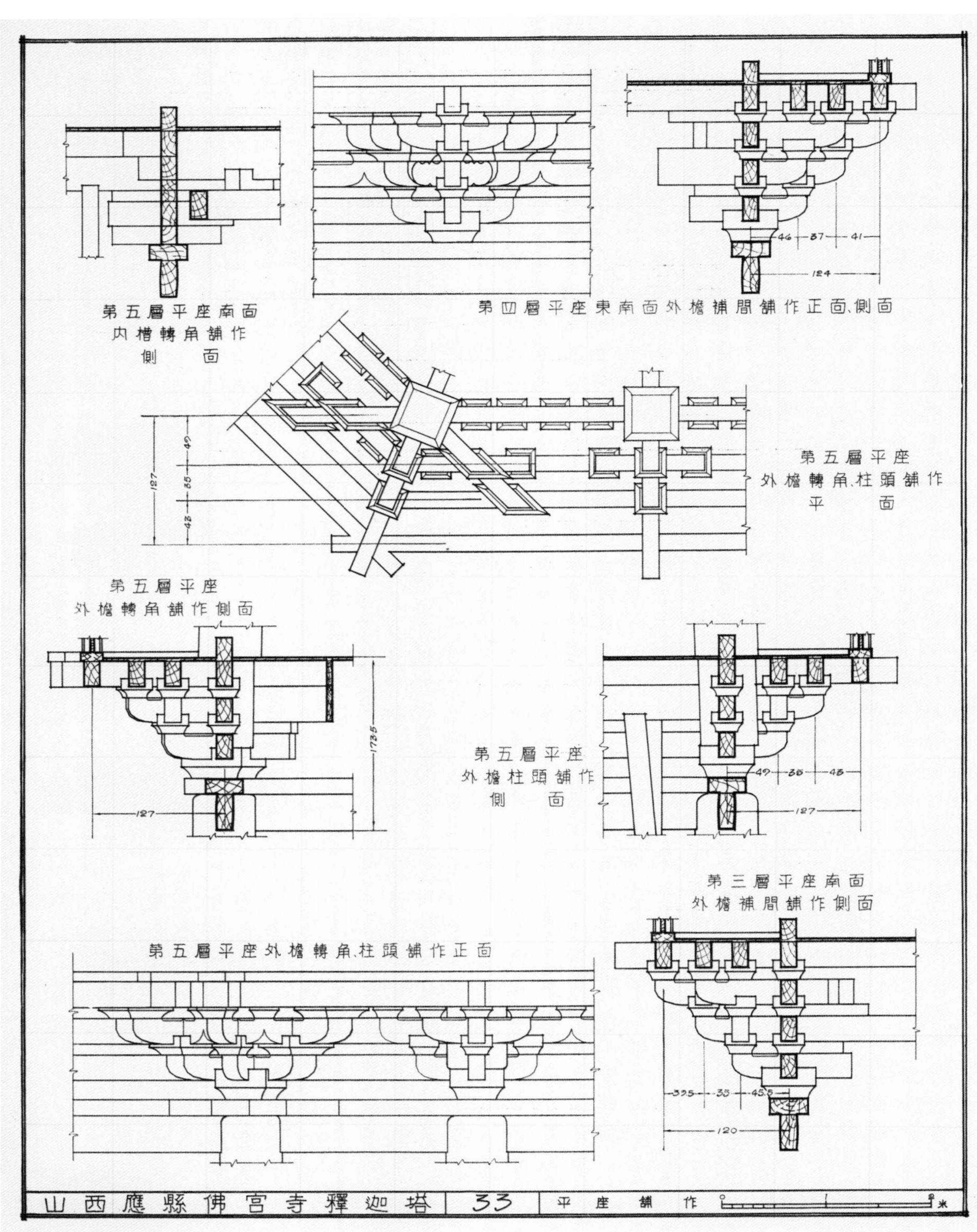

实测图 33a 平坐铺作之二（1980 年再版用图）

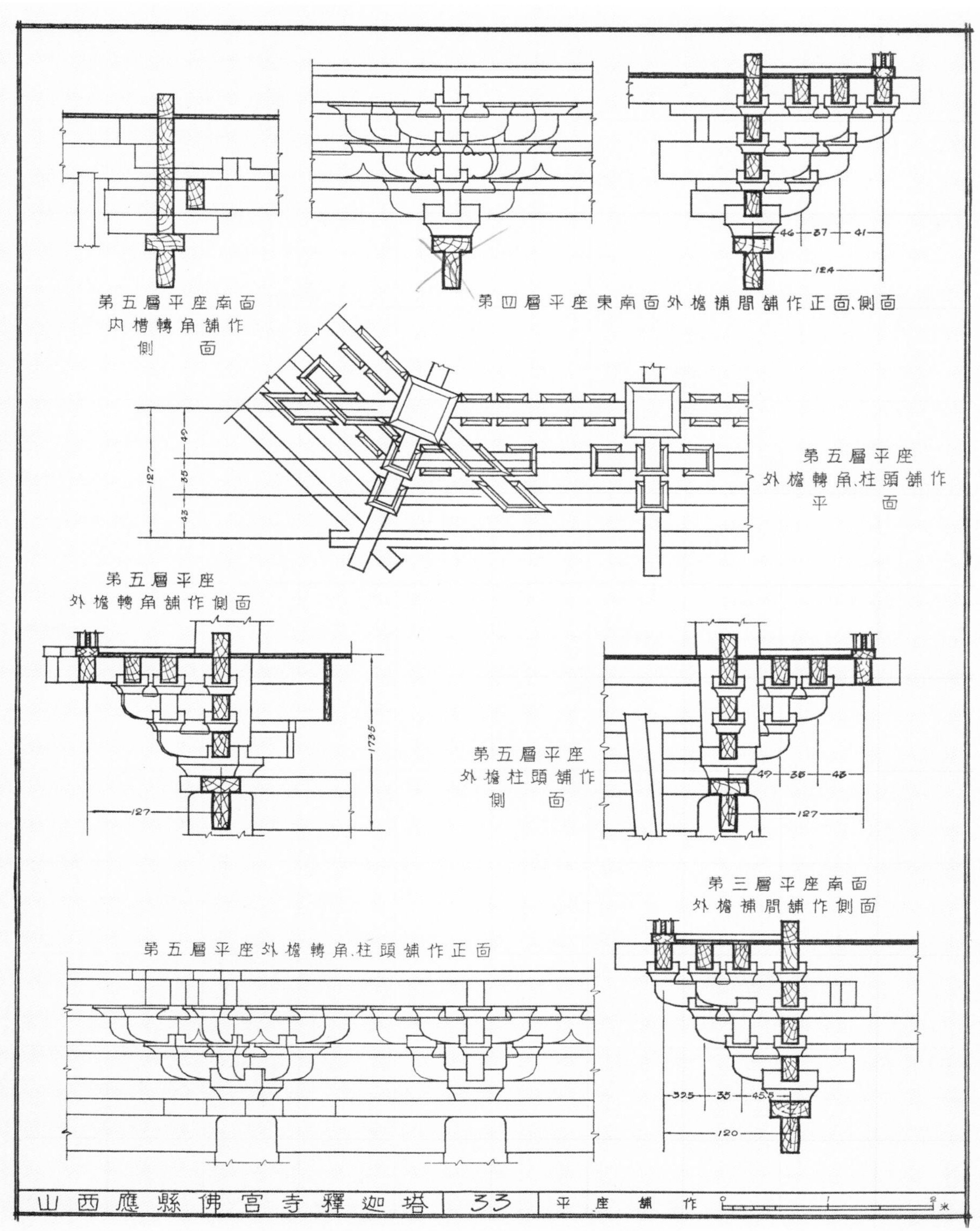

实测图 33b　平坐铺作之二（作者批注本，指出 1966 年初版的一处讹误）

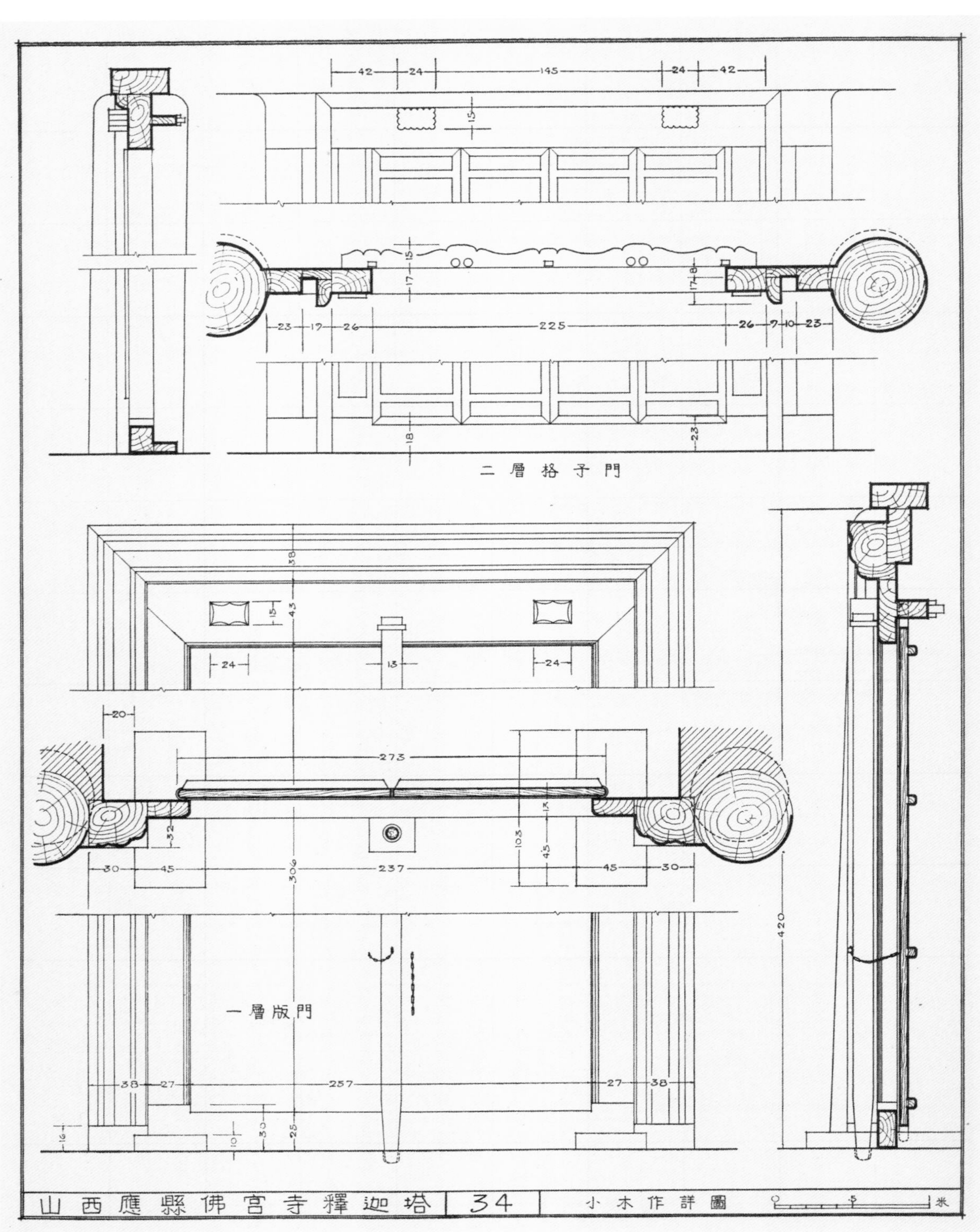

实测图 34　小木作详图之一

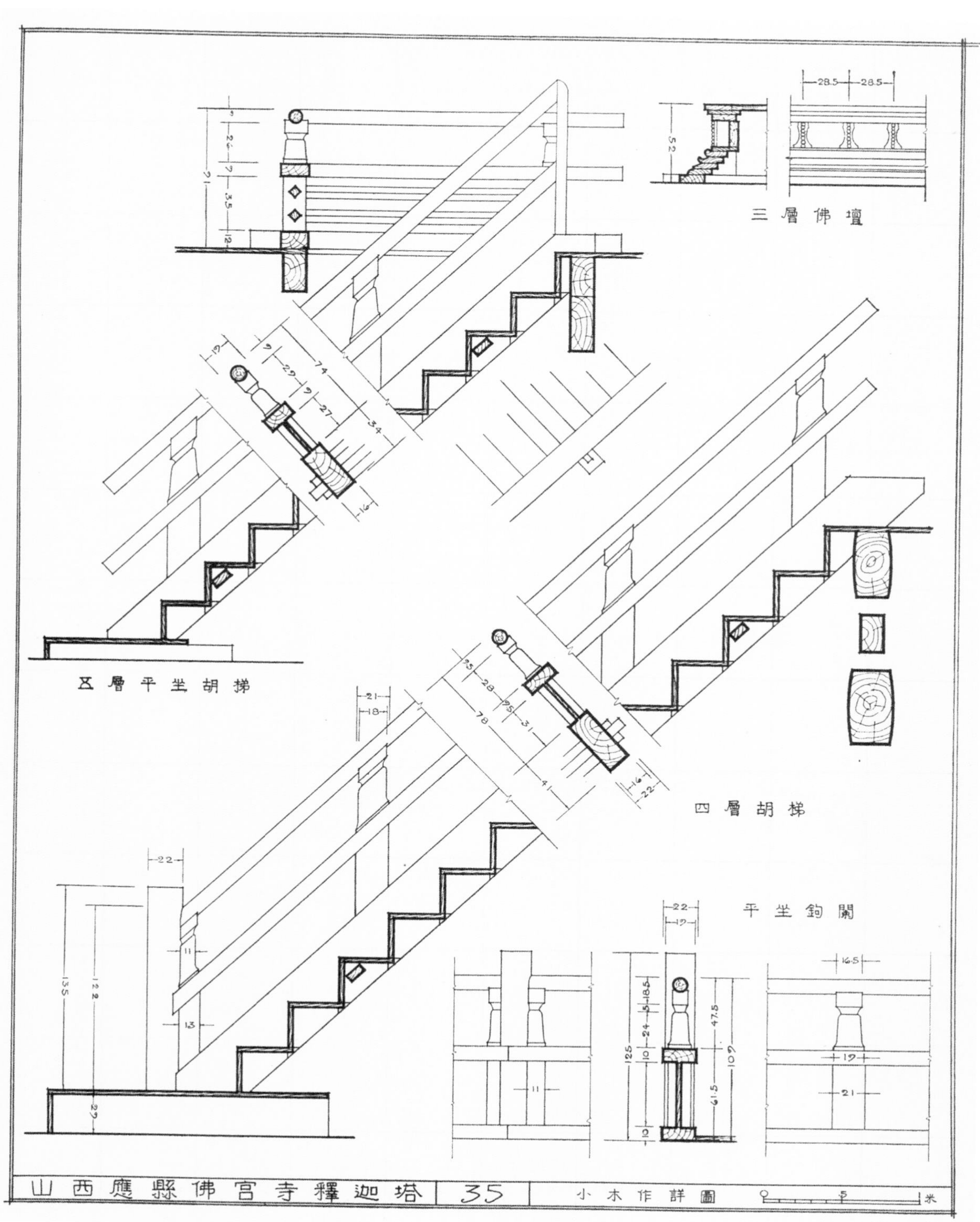

实测图 35　小木作详图之二

图　版[①]

① 原图版 142 张，除少数单加注者外，均为 1962 年摄；此次本卷又附加图版 20 张。缘由见“整理说明”。

（以下为附加图版）

图版 1　西南面远景（1964 年摄）

图版 2　西北面远景（1964 年摄）

图版 3　佛宫寺前牌楼

图版 4　佛宫寺前铁狮（1933 年中国营造学社考察所摄）

图版 5　鼓楼

图版 6　从塔上俯视佛宫寺南部

图版 7　大雄宝殿前石幢

图版 8　砖台后石狮

图版 9　从塔上俯视佛宫寺北部

图版 10　塔后砖台西南面全景

图版 11　砖台北面全景

图版 12　砖台南面牌楼门

图版 13　南面近景（1964 年摄）

图版 14　南面全景

图版 15　西北面近景

图版 16　第一层及第二层平坐南面外景

图版 17　第一层及第二层平坐东北面外景

图版 18　第一层及第二层平坐西北面外景

图版 19　阶基月台西面

图版 20　阶基月台南面

图版 21　阶基东南角石

图版 22　阶基东南角石

图版 23　阶基月台东南角石

图版 24　阶基西南角石

图版 25　副阶外檐铺作

图版 26　副阶外檐转角铺作

图版 27 副阶内景

图版 28　副阶梁架

图版 29　副阶明间补间铺作里跳

图版 30　副阶次间补间铺作及转角铺作里跳

图版 31　第一层南面正门

图版 32　第一层内槽南面全景

图版 33　第一层内槽南门内西壁壁画

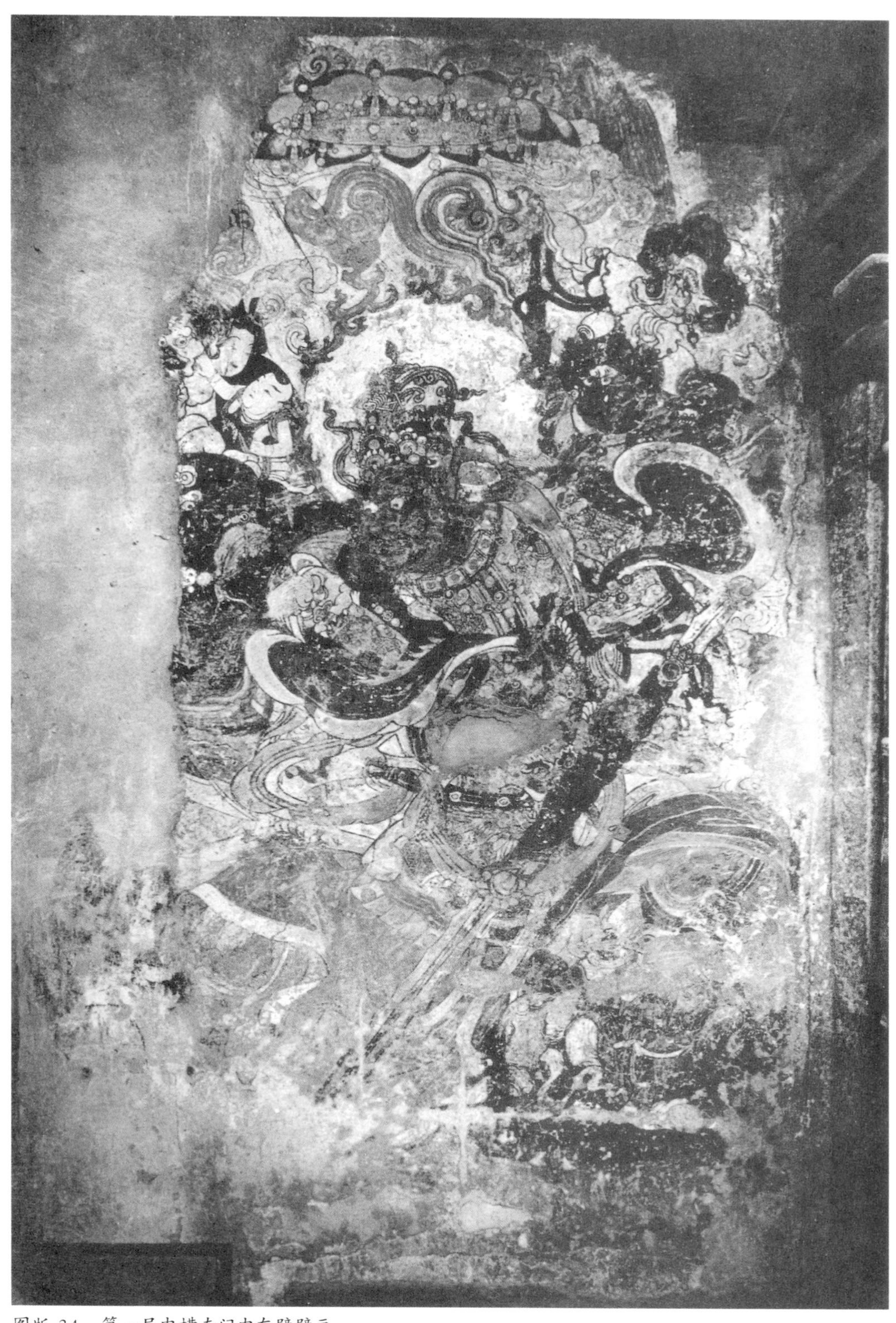

图版 34　第一层内槽南门内东壁壁画

图版 35　第一层外槽楼梯

图版 36　第一层外槽东南面结构及平棊

图版 37　第一层外槽南面平棊

图版 38　第一层外槽南面平綦彩画

图版 39　第一层外檐铺作

图版 40　第一层外檐转角铺作

图版 41　第一层内槽南门近景

图版 42　第一层内槽南门门额上壁画

图版 43　第一层内槽南门西侧壁画

图版 44　第一层内槽南门东侧壁画

图版 45　第一层内槽南门西侧壁画（下半）

图版 46　第一层内槽南门东侧壁画（下半）

图版 47　第一层内槽北门东侧壁画（内面）

图版 48　第一层内槽北门西侧壁画（内面）

图版 49　第一层内槽北门东侧壁画（内面及外面）

图版 50　第一层内槽北门西侧壁画（内面及外面）

图版 51　第一层内槽北门东侧壁画（外面下半）

图版 52　第一层内槽北门西侧壁画（外面下半）

图版 53 第一层内槽北门门额上壁画

图版 54　第一层内槽北门东侧壁画（内面下半）

图版 55　第一层内槽北门西侧壁画（内面下半）

图版 56　第一层内槽西面壁画

图版 57　第一层内槽铺作

图版 58　第一层内槽藻井

图版 59　第一层内释迦像全景

图版 60　第一层内释迦像

图版 61　第一层内释迦像莲座（北面）

图版 62　第一层内释迦像莲座(部分)

图版 63 第二层及第三层平坐南面外景

图版 64 第二层及第三层平坐东北面外景

图版 65　第二层平坐内楼梯

图版 66　第二层外檐柱头及转角铺作

图版 67　第二层外檐外景

图版 68　第二层外槽内景（西北面）

图版 69　第二层外槽内景（东北面）

图版 70　第二层外槽结构（西面之一）

图版 71　第二层外槽结构（西面之二）

图版 72　第二层外槽结构（东南面）

图版 73　第二层内槽结构（东面）

图版 74　第二层塑像全景

图版 75　第二层塑像全景

图版 76　第二层西胁侍菩萨像

图版 77　第二层文殊像

图版78　第二层东胁侍菩萨像

图版 79　第二层普贤像

图版 80　第三层及第四层平坐南面（摄于 1962 年，图中可见受损的西转角铺作、钩阑等尚未修复）

图版 81　第三、四层东北面

图版 82　第三层平坐结构（北面）

图版 83　第三层平坐结构（东面）

图版 84　第三层平坐内楼梯

图版 85　第三层外檐外景

图版 86　第三层外檐明间铺作

图版 87　第三层外檐转角铺作

图版 88　第三层外槽内景（南、东南面）

图版 89　第三层外槽内景（西、西北面）

图版 90　第三层外槽结构(西面外侧)

图版 91　第三层外槽结构(西南面外侧)

图版 92　第三层外槽结构(西面内侧)

图版 93　第三层外槽结构(西南面内侧)

图版 94　第三层内槽结构（西面）

图版 95　第三层内槽结构（西北面）

图版 96　第三层塑像全景

图版 97　第三层塑像坛座

图版 98　第三层南方佛

图版 99　第三层北方佛

图版100　第三层东方佛

图版 101　第三层西方佛

图版 102　第三、四、五层南面外景（摄于 1964 年，图中可见原受损的第三层南面转角铺作仍未修复，但第四层西南面外檐瓦面已经修复）

图版 103　第四、五层东北面外景

图版 104　第四层平坐结构(西、西北面)

图版 105　第四层平坐结构（北、东北面）

图版 106　第四层平坐结构细部

图版 107 第四层外檐铺作

图版 108　第四层外槽内景（东、东北面）

图版 109　第四层外槽内景（东、东南面）

图版 110　第四层外槽结构（西北面）

图版 111　第四层外槽结构（西北面）

图版 112　第四层内槽结构（西北、北面）

图版 113　第四层塑像全景

图版 114　第四层释迦像

图版 115　第四层阿难像

图版 116　第四层文殊像全景

图版 117　第四层文殊像坐骑

图版 118　第四层普贤像全景

图版 119　第四层普贤像坐骑

图版 120　第四层普贤像

图版 121　第四层普贤像（头部）

图版 122　第五层平坐结构(西北面)

图版 123　第五层平坐结构(细部)

图版 124　第五层外檐外景

图版 125　第五层外槽内景（西南面）

图版 126　第五层外槽结构（东南面）

图版 127　第五层外槽结构(西南面)

图版 128　第五层内槽内景

图版 129　第五层内槽结构

图版 130　第五层塑像全景

图版 131　第五层本尊像

图版 132　第五层东北面菩萨像

图版 133 第五层东面菩萨像

图版 134　第五层北面菩萨像

图版 135　第五层东南面菩萨像

图版 136　第五层西南面菩萨像

图版 137　第五层西面菩萨像

图版 138　第五层南面菩萨像

图版 139　第五层西北面菩萨像

图版 140　塔刹

图版 141　修缮后的应县木塔雄姿（1964 年摄）

图版 142　释迦塔模型（据陈明达 1954 年所绘模型图制作，现藏中国国家博物馆）

图版 143　应县木塔南面全景（1933 年中国营造学社考察所摄）

图版 144　应县木塔第五层楼梯与壁画（1933 年中国营造学社考察所摄）

图版 145　木塔二层以上灰墙及其内斜戗（1933 年中国营造学社考察所摄）

图版 146　佛宫寺清代山门（1933 年中国营造学社考察所摄，后毁于 1935—1949 年间）

图版 147　佛宫寺大雄宝殿前疑似明代木牌楼（中国营造学社 1933 年考察所摄）

图版 148　中国营造学社 1935 年第二次考察所见　拆除夹泥墙

图版 149　抗战之后木塔西南面中弹损毁情况（莫宗江等 1950 年考察所摄，白圈标示中弹部位，下同）

图版 150　木塔南面中弹损毁情况（莫宗江等 1950 年考察所摄）

图版 151　受损较轻的木塔东面（莫宗江等 1950 年考察所摄）

图版 152　木塔瓦面中弹损坏状况之一（莫宗江等 1950 年考察所摄）

图版 153　木塔西南面第一层中弹受损情况（1950 年莫宗江等考察所摄）

图版 154　木塔西南面第一层中弹受损情况细部（1950 年莫宗江等考察所摄）

图版 155　木塔第二层内槽柱头受压损坏情况（莫宗江等 1950 年考察所摄）

图版 156　木塔第三层西南面檐柱向内倾斜情况（莫宗江等 1950 年考察所摄）

图版 157　木塔第三层西南面平坐钩阑地板受损情况（莫宗江等 1950 年考察所摄）

图版 158　木塔第四层西南面瓦面中弹损坏情况（瓦毁透天，莫宗江等 1950 年考察所摄）

图版 159　1962 年尚未修复的木塔第四层西南面瓦毁透天情况（陈明达等 1960 年考察所摄）

图版 160 陈明达等 1962 年考察所见佛宫寺清代山门遗迹

图版 161　应县木塔现状　南立面全景（丁垚补摄于 2016 年）

图版 162　应县木塔现状　第四层内景（殷力欣补摄于 2016 年）

年　表

公历纪年	中国历史纪年	大事记
公元 184—193 年	汉中平元年——初平四年	笮融起浮图，上累金盘，下为重楼。（《后汉书·陶谦传》，《三国志·吴志四·刘繇传》）
公元 467 年	北魏皇兴元年	代都建永宁寺七级浮图，高三百尺。（《魏书·释老志》）
公元 516 年	北魏熙平元年	洛阳建永宁寺九级浮图，架木为之，举高九十丈，上有金刹，复高十丈，合去地一千尺。（《洛阳伽蓝记》卷一《城内》）
公元 607 年	隋大业三年	长安建大总持寺木浮图。（《唐两京城坊考》卷四《永阳坊》）
公元 611 年	隋大业七年	长安建大庄严寺木浮图，崇三百三十尺。（《唐两京城坊考》卷四《永阳坊》）
公元 857 年	唐大中十一年	五台佛光寺大殿建成。
公元 936 年	晋天福元年（辽天显十一年）	晋割山后十六州入辽。（《新五代史》卷八《晋本纪》，《辽史》卷四《太宗本纪下》）
公元 963 年	北汉天会七年	平遥镇国寺大殿建成。
公元 984 年	辽统和二年	蓟县独乐寺观音阁建成。
公元 986 年	辽统和四年（宋雍熙三年）	三月彰国军节度使艾正、观察判官宋雄以应州叛，附于宋，秋七月辽复云应诸州，宋将杨继业阵亡。（《辽史》卷十一《圣宗纪二》，《宋史》卷五《太宗二》）

续表

公历纪年	中国历史纪年	大事记
公元 989 年	宋端拱二年（辽统和七年）	京师开宝寺建宝塔成，八隅十一层三十六丈。（《归田录》《佛祖统记》）
公元 1020 年	辽开泰九年	义县奉国寺大殿建成。
公元 1022 年	辽太平二年	三月地震，云应二州屋摧地陷。（《应州续志》卷一《灾祥》）
公元 1038 年	辽重熙七年	大同下华严寺薄伽教藏殿建成。
公元 1056 年	辽清宁二年	特建应州宝宫寺塔。（《田志》卷二《营建志》）
公元 1164 年	金大定四年	弥勒院立陀罗尼幢。
公元 1191 年	金明昌二年	铸铁钟重数千斤。（《田志》卷六《艺文志》）
公元 1193 年	金明昌四年	增修益完。（《田志》卷二《营建志》）
公元 1194 年	金明昌五年	明昌五年七月十五日建。（第三层释迦塔匾）
公元 1195 年	金明昌六年	大金明昌六年增修益完。（第三层释迦塔匾）
公元 1305 年	元大德九年	四月己酉大同路地震有声如雷，坏庐舍五千八百，压死者一千四百余人。（《元史》卷五十《五行志》）
公元 1320 年	元延祐七年	延祐七年岁次庚申四月辛巳朔一日庚戌特奉敕监造官荣禄大夫平章政事阿里伯重建。（第三层释迦塔匾）
公元 1323 年	元至治三年	英宗硕德八剌皇帝幸五台山经过登塔，敕彰国军节度使妆金诸佛。（《田志》卷二《营建志》）
公元 1333—1368 年	元顺帝时	地大震七日，塔屹然不动。（《田志》卷二《营建志》）
公元 1353 年	元至正十三年	立宝宫寺十六代传法嗣祖云泉普润禅师墓塔，重刻大金重修宝宫寺常住地土碑记。（塔内残八角石柱）
公元 1375 年	明洪武八年	知州陈立诚以旧城西北多旷地，遂就东南城墙改筑今城。（《田志》卷二《营建志》）

续表

公历纪年	中国历史纪年	大事记
公元 1406 年	明永乐四年	成祖北征驻跸塔上，亲笔“峻极神功”。（《田志》卷二《营建志》）
公元 1436 年	明正统元年	七月吉日重妆。（第三层释迦塔匾）
公元 1464 年	明天顺八年	铸南月台上铁鼎。
公元 1471 年	明成化七年	七月吉日功德主阎福贵重妆。（第三层释迦塔匾）
公元 1486 年	明成化二十二年	以小钟易明昌钟，建钟楼于治西。始于成化二十二年，落成于弘治元年。（《田志》卷六《艺文志》）
公元 1490 年	明弘治三年	薛敬之书第五层“望嵩”“玩海”“挂月”“拱辰”匾。作《释迦塔字跋》。（嵌于塔副阶内墙上）
公元 1501 年	明弘治十四年	四月应州黑风大作。（《应州续志》卷一《灾祥》）
公元 1508 年	明正德三年	武庙游幸至州，登塔宴赏，御题“天下奇观”。出帑金命镇守太监周善修补。（《田志》卷二《营建志》）
公元 1513 年	明正德八年	刘祥作登塔诗。（嵌于塔副阶内墙上）
公元 1517 年	明正德十二年	重妆佛像。（第二、三层牌记）
公元 1579 年	明万历七年	寺僧明慈乡人陈麟等募赀金重修。（《田志》卷二《营建志》）作南月台上铁幢。
公元 1594 年	明万历二十二年	铸山门前铁狮一对。
公元 1599 年	明万历二十七年	田蕙编《重修应州志》。
公元 1601 年	明万历二十九年	张烨作登塔诗。（嵌于塔副阶内墙上）
公元 1622 年	明天启二年	铸钟楼铁钟。
公元 1722 年	清康熙六十一年	知州章弘重修。（《应州志》、月台南面碑记、塔内外各层康熙六十一年匾甚多）
公元 1723 年	清雍正元年	第三层内“霄汉凭临”匾。

续表

公历纪年	中国历史纪年	大事记
公元 1726 年	清雍正四年	知州萧纲重修。(《应州志》)塔后砖门上题额“第一景”。第二层北面“中立不倚”匾。
公元 1725—1735 年	清雍正三年——十三年	萧纲辑《应州志》。
公元 1735 年	清雍正十三年	第三层“荡胸云外”匾。
公元 1766 年	清乾隆三十一年	第五层“木德参天”匾。重修。(乾隆《应州续志》)
公元 1769 年	清乾隆三十四年	吴炳编《应州续志》。
公元 1785 年	清乾隆五十年	第二层“大法力”匾。
公元 1786 年	清乾隆五十一年	第一层“法海慧莲”匾，第四层“重新真会”匾。
公元 1787 年	清乾隆五十二年	重修。(副阶内碑记)
公元 1813 年	清嘉庆十八年	第五层“毗卢真境”匾。
公元 1844 年	清道光二十四年	应州知州文润修。(第五层牌记)
公元 1851 年	清咸丰元年	第二层“同登极乐”匾。
公元 1863 年	清同治二年	重修“浮图宝刹”坊。(坊上题记)
公元 1866 年	清同治五年	重修佛宫寺。(副阶内碑记)第二层内“香风花雨”“鹫岭无异”匾。(各层修理牌记多立于此年)
公元 1878 年	清光绪四年	第四层“壮观”匾。
公元 1887 年	清光绪十三年	重修二檐佛像座下暗檐中椽损坏。(第二层牌记)
公元 1890 年	清光绪十六年	第四层“奎曜增辉”匾。
公元 1891 年	清光绪十七年	第二层“天宫高耸”匾。
公元 1894 年	清光绪二十年	重贴金神彩塑佛像。(第二层牌记)
公元 1908 年	清光绪三十四年	重妆释迦佛金身。(第一层牌记)

续表

公历纪年	中国历史纪年	大事记
公元 1909 年	清宣统元年	第一层“足壮观瞻”匾。
公元 1911 年	清宣统三年	第三层“峻极于天”匾。
公元 1926 年		军阀内战，炮击二百余发。（第二层、第五层牌记）
公元 1928 年		绅商重修。（第五层牌记）
公元 1929 年		绅商重修。（第二层牌记）第三层“灵山未散”匾。
公元 1933 年		中国营造学社梁思成、刘敦桢、莫宗江、纪玉堂等对木塔作首次科学勘察。
公元 1935 年		“邑绅们将各层灰墙及其内斜戗拆除，悉数换安格子门。”（梁思成《山西应县佛宫寺释迦木塔》） 是年，梁思成、莫宗江第二次测量木塔。
公元 1943 年		中央博物院委托中国营造学社陈明达据 1933 年勘察资料绘制木塔 1:20 模型图 62 张。
公元 1948 年		应县解放。战斗中又有炮弹四十余发击中塔身。
公元 1952 年		10 月 8 日，崞县（今崞阳镇）北纬 38°9'、东经 112°8' 发生 5.5 级地震，震中烈度 8 度，代县倒屋 27 间，倒塌窑洞 17 孔。内蒙古托克托二道河子南州里坝头野坡震塌窑洞。应县受波及，木塔无损坏。
公元 1953 年		成立应县木塔“文物保管所”。
公元 1961 年		国务院公布为全国重点文物保护单位。
公元 1966 年		3 月 8 日 5 时，河北邢台地震，塔上风铎震响，无损坏。陈明达著《应县木塔》于 3 月出版面世。
公元 1968 年		10 月 30 日，应县发生 4.5 级地震，塔无损坏。

续表

公历纪年	中国历史纪年	大事记
公元 1969 年		在四层主佛胸中发现木版套色佛像画等文物。 4 月 24 日，繁峙发生 4.6 级地震，应县城内有震感，塔无损坏。
公元 1972 年		国家文物局组织杨廷宝、陈明达、莫宗江、刘致平、卢绳等专家学者考察应县木塔、五台山佛光寺等山西古建筑。
公元 1974 年		由中央、省、地、县等有关单位组成木塔维修工程领导小组，主持对木塔的多次修缮、保护工程。
公元 1975 年		在四层主佛座中发现部分残存刻经。 固定观测点开始对塔的倾斜及变化等情况测视。试测木塔的自振周期和振型，为研究其结构抗震性能提供基础资料。
公元 1976 年		木塔修缮工程开始。 再次观测塔的倾斜及变化。 整修钟鼓楼、各层平坐及其他部分。 7 月 28 日唐山地震，应县影响烈度在 4 度左右，塔上风铎大响约 1 分钟，塔无损坏。
公元 1977 年		第三次观测塔的倾斜及变化。 继续整修木塔残破部分。 在第一层主佛座下清理出残存佛经等文物。
公元 1980 年		9 月，陈明达著《应县木塔》再版（由初版小八开本改作大八开本精装）。
公元 1993 年		国家地震局地球物理研究所、地矿部华北石油局第九普查大队等十几个科研部门对木塔塔院及周围地质状况进行详尽勘察。
公元 2012 年		11 月，释迦塔被列入世界文化遗产预备名录。

（陈明达辑录于 1962 年、1978 年，殷力欣增补于 2019 年）

附　录

一、弥勒院立幢记　金大定四年（公元1164年）在塔后大雄殿前

□定四年岁次甲申二月丙辰朔二十九日甲申

讲经沙门□□□讲经□

沙门□□讲经沙门□立沙门□立沙门

沙门□□沙门□丹

陀罗尼神咒（略）

二、残八角石柱　元至正十三年（公元1353年）在一层南门内

南无释迦牟尼佛

授

宝宫禅寺第十五代传法嗣祖沙

门住持云泉普润禅师隆公之塔

时大元至正十三年八月吉日小师福聚福广

侄男福湛

第十六代住持静云禅师同建　小师福宫立石

大金重修宝宫禅寺常住地土碑记　赡寺香烟地一十五顷

城西寺家寨方圆地一段东至常家寨南至胡家寨官道西至桑干河并诸人地北至渠又渠北地一段东西畛地二顷东至李家南至官渠西至李张家北至小疙疸并诸人地胡家寨村西地一段南北亩计地十顷东至大疙疸南至白荆茂并小郎使西至马合麻地北至回回道

城南泉子头北去一里道东地一段东西畛两顷四十八亩东自至南至鲍家西至道北至张家长畛地南北畛两顷东至道南至道西自至北□□家金河地南北畛九十亩东至诸人地头南至道西自至北至张家村东南大段地东西畛一顷八十亩东至小道南至王家西至赵家

北至唐古地北㫏鲍家地南北畛十亩东至赵家南自至西至赵北赵黄土地东西畛八十五亩东至赵家南至唐古地西道北至苏家庄南东西畛地两顷四十七亩东至道南至苏家西至道北至唐古地近南一段南北畛五十亩东至何家南河漕西至苏家北至道西地东西畛四十亩东至道南至唐古地西至河漕北至唐古地萝卜地东西畛八十五亩东至唐古地南至唐古地西至河漕北至苏家庄西地南北畛四十五亩东至寨南至□□□赵家北至道白家堡南北畛四十亩东至孙家南自至西至孙家北至道神堂西东西畛一顷二十亩东至道南至赵家西至田径历北至苏家庄西北东西畛八十亩东至城道南至孙家西至寺北至张家庄西何家寨西一段五十二亩东至何家寨南至苏家西至河漕北至田径历何家寨庄北东西畛八十亩东至道南至庞家西至何家北至康家庄东一段六十亩东至道南至郭家西至本庄北至何家庄东南东西畛一顷东至西接马邑道南至刘元帅并小水渠西至小道北至郭小大近西马连地二顷五十亩东至郭小大并邪道南至韩梅西至武仲□北至久家堡道道北三顷二十六亩东至杨二南至夕家堡道西至河漕北至何家地东北至毕□□□地至□□道庄北东西畛五十亩名三角地东至□家南至小水渠西至河漕北至东西道久家堡东北东西畛一顷八十亩东自至南自至西至道北至疙疸近东六十亩东至何家南至邪道西自至北至毕家近南渠西一顷南至邪道西至官道北自

茹越村南四十亩东至高家南至李家西至道北至吴家水磨一所軠房一所小菌一所东至道南李家西至诸人地北自至北菌儿一所东自至南至庞家西至赵北至道

夕家堡道西东西畛一顷名三角地东至官道南至崔家西至道北至小河儿

第十六代传法嗣祖沙门住持静云长老书立石

提举兴　提点开　监寺官副寺庆　典座□□钱帛藏　维那增直岁广

知客住　外库□

殿主堂

三、第三层“释迦塔”匾铭记　明弘治三年　（公元 1490 年）

甲辰季七月十五日重建　男薄公显施

明昌五年七月十五日建金城县北辉耀薄荎施　木匠李庆甫许福施工　　达

□□□□

大明正统元年岁次丙辰七月吉日重妆　成化七年岁次辛卯七月吉日功德主阎福贵重妆

释　迦　塔

大辽清宁二年特建宝塔　大金明昌六年增修益完　赵

昭信校尉西京路盐使判官王　瓛书

先王辽清宁二年特建宝塔　大金明昌六年增修益完

御位下中书省差来官忽木哈赤明里　承务郎

工部典吏曹克益　应州承□郎　司吏文□□局段世公

河东宣慰使司李□　吏目杨斌

大同路□□□□□　承事郎县尹□□

维大元国延祐七年岁次庚申四月辛巳朔一日　庚戌特奉敕监造官荣禄大夫平章政事阿里伯重建

四、释迦塔字跋　明弘治三年（公元 1490 年）　嵌在副阶内墙隔减上

仆本非知书字也昔尝得元学士吴克大字评与三国时蔡伯喈咏八字法读之粗知爱学一凡书便不及古人寻为此作士者耻自官应州凡□□□□废毁不堪居分在修葺每遇牌弁不得已书之以应时制厘免辱也应为古郡金辽时有塔七级木建之往来多异其巧中萦回题咏者甚剧一日因书学弁字偶步间见塔门撑空不意书此数字翼日与守备赵公把总杨公掌印挥使唐公同儒学诸校官会话及此佥谓盍悬以为应观之壮仆不暇思遂拘僧与之乃成今弁（下略）时弘治三年三月二十五日书于忠爱堂

五、重修应州志　明万历己亥（公元 1599 年）田蕙编

1. 卷二　营建志　城池

按州城筑自唐天宝初年大同节度使王忠嗣创建盖以金城县置应州者正旧志所谓东八里为古应州城是也今城相传昔为天王村李克用父子世居之至乾符间克用父为大同节度使时因古城废塌移筑于此亦以母曾祷天王祠感金甲神人之应耳大约八里余迄我明洪武八年知州陈立诚以旧城西北多旷地遂就东南城墙改筑今城周围一千三百三十五丈计

五里八十五步高三丈二尺重以甓圈池深一丈阔二丈原设门三座东曰畅和西曰怀成南曰宣阳北为楼城上曰拱极成化六年本城千户刘鉴改建玄武庙作镇北方成化二十年知州薛敬之修葺始增月城创筑东西南三关厢以卫乡民来避虏警者嘉靖四十三年知州宋莅守备萧以望重修增高三尺南门创修一楼浚濠及泉外筑护濠墙垣守备张刚续修月城增敌台隆庆五年知州吴守节守备李迎恩夏芳遵奉督抚题准明文修筑州城连女墙通高四丈四面俱石砌砖包重建南楼北庙新增东西城楼题东曰龙山秀峙西曰雁障雄屏南曰茹峰壁立北曰桑水带环角楼四座万历五年知州徐濂沿濠植柳万历二十四年州民田福等告准重建南关知州王有容守备郑儒奉督抚题准明文修筑关墙周围二百六十丈通高三丈三尺开南北二大门铁叶包裹周围垛口墁顶俱用砖砌足堪御虏卫民各有记

2. 卷二　营建志　佛宫寺

佛宫寺初名宝宫寺在州治西辽清宁二年田和尚奉敕募建至金明昌四年增修益完塔曰释迦道宗皇帝赐额元延祐二年避御讳敕改宝宫为佛宫至治三年英宗硕德八剌皇帝幸五台山经过登塔令释放金城县狱囚敕彰国军节度使妆金诸佛建立道场三日顺帝时地大震七日塔屹然不动塔高三百六十尺围半之六层八角上下皆巨木为之层如楼阁玲珑宏敞宇内浮图足称第一国朝洪武元年四月八日塔顶佛灯连明三夜时谓大明新立宝塔呈祥云永乐四年成祖北征驻跸塔上亲笔峻极神功正德三年武庙游幸至州登塔宴赏御题天下奇观出帑金命镇守太监周善修补万历七年寺僧明慈乡人陈麟等募赀重修

3. 卷六　艺文志　重修佛宫寺释迦塔记［田蕙］

天下郡县浮图不可胜记而应州佛宫寺木塔为第一其袤广不数亩环列门庑不数十楹而称第一者举先后缙绅士大夫同然一辞盖文皇帝北征幸其上题曰峻极神功正德间武庙西巡狩再幸焉复题曰天下奇观仍命工匠索其制仿为之则盘旋纡曲结构参差之妙令人目眩心骇得一迷十无能寻其要领此岂其神为之耶夫天下浮图皆以砖石而此独以木自辽清宁至今六百余祀矣未有久而不坏者且也乾兑之方坤维多震父老记今元迄我明大震凡七而塔历屡震屹然壁立州之居人或日午或阴雨见塔之隙处俨然倒影存相传洪武元年四月初八日塔顶佛灯连明三夜比昼尤光烨烨不散诸如此类非有神焉而能若是乎应于晋云为僻壤自邑大夫而上至监司直指先生之照临兹土者公余攀而一登则控胡沙俯雁门长河大海之涯泰岱恒华之巅皆一览而收其以搜簿书之积包罗区寓之名胜较一园一沼之奇孰

多在昔元之英宗尝登眺悯囹圄为之释囚系则茂对育万物应民犹籍是庶几遇焉塔之所系直为临况而已哉宜乎称而最之者自王公至于士庶人胥神而异之也今上七年寺僧明慈邦人陈麟等谓其丹垩彩饰尘浸漶漫瓦石甃砌稍见缺损恐不足以壮观乃募缘金资新而饬之而征记于余余邦人也尝疑是塔之来久远当缔造时费将巨万而难一碑记即索之仅得石一片上书辽清宁二年田和尚奉敕募建数字而已无他文词呜呼岂其时不能文哉余揣和尚意必谓诸佛妙理非关文字惟是慈悲一脉戒定一法果报一事能令利根者悟钝根者造顽愚者畏鸷悍者驯况是三云为辽边郡有夷德嗜杀风然而见大雄则膜拜闻弥陀则讽诵因而导之为树浮图妥金像其中使之瞻拜皈依凭极顷心由兹胜残去杀即不人人证果变夷庶有助乎辽而金金而元三更夷族而为大明先大明四百余年未有能推和尚之心者推和尚之心自大明今日始是明和尚者大明也戢夷氛以待真主和尚其知来哉诸塔中灵怪神奇将和尚之舍利神耶今新而饬之者和尚之神所使耶其有同心也耶儒者斥浮图氏以其惑世诬民而和尚之所募成故夷狄而中国之也试观今日登临者题咏者习礼其中者畴非昭代文物之盛而巍然具瞻又足耸远人拱畏之心是和尚之功良有足多者矣恶可不以为之记其事谨按塔之层有四檐有六角有八面栏杆围绕网户玲珑中通外直而楼阁轩豁盱人心目盘旋而上梯级数百以尺计三百有六十上插云霄几可摘星焉下层金佛之高数仞一指之大如椽其上数层皆有像而铁顶冲天八索贯系尤称奇异塔后有大雄殿九间旧记谓通一酸茨梁东西方丈相对向前有天王殿钟鼓楼而梵王坊则我朝洪武初壁峰禅师建焉余问今厥费几曰凡用金粟殆三千仅一增色泽易瓦石之缺略者耳则当时用工几许费几金粟经营几年而成不可考而原也第记其可知者以补前人之阙俾观者得知其梗概云

4. 卷六　艺文志　应州新修钟楼记［韩城王盛］

应州之城左襟太行右带桑乾尧典曰朔方禹贡曰冀州今云中之胜地省内之名郡也军民参伍边疆咫尺非素有才名者可胜其任耶吾关中薛君敬之显思以贡士来知郡事历三载余每咬菜自如戴星不倦吾至其地矣吾见其政矣及别河梁之后则遣芹泮弟子员刘汝楫合澄辈以书谒曰州自国初以来无钟鸣晨夕者寄西佛宫寺久之以故器掷诸隙地敬之虑上下无警以小钟易之考铸记肇大金明昌二年冶斤重数千宜悬之佳处乃伐木抟埴创楼治东过街三十步有奇周围十丈高六十尺四面花彩隔扇正当其城之中巍乎焕乎为州之望先是少参徐公适按冀北寓是邦数月播民和而咸劝之鸠工于成化丙午落成于戊申之秋（下略）

5. 卷六　艺文志　跋钟楼记后［关中薛敬之］

予守州之二年值成化之二十有一年也寻为晨夕无警不知早晚者虑一日晗客于城之佛宫寺观其钟卧土高如许与草木同寂及读局面记在金明昌二年也工克于浮图复转而讽诸寺沙门力不能悬声也予喟然叹曰钟本声物有凫氏为聋聩肇何是之晦也黄唐以来节乐为云门为大章自是以后圣帝明王益之舌以木狗春明与作也重之舌以金狥秋鸣怀成也巨细在人矧晨暮乎于是不揣孱力抡材鸠工创架楼于州东三十步高六丈阔十丈随时供役不为民扰至今上改元之五月然后落成（下略）

六、重修释迦塔记　清康熙六十一年（公元 1722 年）　嵌砌在南月台西端

金城释迦塔建自辽时规模宏敞八面玲珑远眺百余里称宇内浮图第一金元以来增□益严明洪武初年塔顶佛灯连明□□灵异呈祥永乐正德间驻跸临幸□题额犹存曾发帑金修补万历七年□重修永□□□大壮皇图乃历年久远□□□□□未秋余□兹土见塔□低洼时遭水浸垣墙坍塌□□□□□□圮落日甚钟鼓楼顷颓（中略）比年岁获有秋政通人和壬寅之春余创捐清俸同阖郡官绅衿士□民议修共成善事（中略）数月告成创建东西禅堂六楹左右□客房两座□为焚修清净之地钟鼓二楼比旧址崇五尺屹然对峙与木塔相辅配也周围新建墙垣花墙八十余丈明□堂□□增高三尺有奇巩固壮观永杜水患也宝宫六层瓦甃木植悉为补修丹臒上下佛像重加妆□各□门捐置佛灯十六盏（中略）是役也经始于二月二十一日至七月望日落成（下略）康熙六十一年州牧宛平章□（弘）建立

七、重修匾记　清康熙六十一年（公元 1722 年）　在第五层内槽西面

佛宫宝塔向传灵异因年久倾颓余立愿倡捐重修州人皆以工程险峻为虑百工匠役亦有难色于四月朔日自塔顶搭架兴工众匠俱无所措手傍有道士糁白发形容奇古谓众匠曰搭架必须如此起手如此结构众匠如其言遂顷刻搭成南面高架一座后寻道士忽不见其处众人咸称佛神下降现身指点助成大工也又匠人上绝顶盖瓦恐失足皆令用白布系腰一日忽有瓦匠系腰布断而坠偶得扳住小钉竟保无虞又有木匠在塔顶执大斧砍木忽脱斧及塔下适有二童玩耍匠人惊骇失色而斧刃正落二童居中空地得免受伤实系神佑又石匠修砌台阶手掇大石从高跌下众人莫不惊皇匠人依然无恙自起工至告成工匠夫役千百余人

手足体肤毫无损伤皆我佛神默佑其中也（中略）至宝塔六层三百六十尺所需砖瓦层层递运物力浩繁余出示着游观孩童人等凡登塔者或提砖一块或持瓦一片各给钱一文一时白叟黄童接踵踊跃搬用如飞并不受钱而砖瓦堆集如山应用不竭于二月二十一日兴工于八月望日告竣力不烦而速工不费而成（下略）康熙六十一年八月中秋日应牧宛平章□（弘）敬叩

八、应州志　佛宫寺条　清雍正间萧纲辑

（前同田志）万历七年僧明慈募赀重修年久倾圮国朝康熙六十一年知州章弘重修垩藻绘金碧辉煌虽塔院上下无不备美而塔后大雄殿九间有志未逮终属美中不足至雍正四年知州萧纲捐俸首倡士民乐助殿宇峥嵘门楼高耸前后相配允称巨观

九、图书集成神异典卷一〇八　僧寺部汇考　佛宫寺

寺在应州治西南隅初名宝宫寺五代晋天福间建辽清宁二年重建金明昌四年重修明洪武间置僧正司并王法寺入焉有木塔五层额书释迦塔高三十六丈周围如之（雍正十二年山西通志卷一六九，与此略同）

十、应州续志卷四　寺观　清乾隆三十四年（公元 1769 年）吴炳纂修

佛宫寺在城西北隅前后创建修理详见旧志乾隆三十一年重修通志云旧志载晋天福间建辽清宁二年重修考田蕙记寺无旧碑文仅得石一片书辽清宁二年田和尚奉敕募建十二字

十一、“重新真会”匾序　清乾隆五十一年（公元 1786 年）　在第四层外檐东面

乾隆五十一年岁次丙午秋八月望八日

粤稽金城登浮图为最重修几次已经多年自康熙六十一年州牧章翁复修多使成事而未闻佛显圣至乾隆九年六月社敬佛献戏我先□德泽普躬之兹会亲睹法相□犹在耳迨

四十九年七月内多人啧啧又睹圣像□□及见兹丙午年阳自□□□吴先生倡议重修于闰七月二十三日申时见一层南门之内碧口金颜伫立于中□因神□昭□仰□监修之□有以感之也是为志

吏部郎铨直隶州分州候补府右堂辛卯贡士邑人杨乘运敬立

十二、重修碑记 清乾隆五十二年（公元1787年） 在副阶南面西端

（前略）我金城释迦塔额赞神工匾咏奇观则当年之创造良非偶耳自康熙年章公重修后迄今六十余载风雨浸圮庙貌不肃（中略）第工程浩大神巧难逢（中略）有吴公讳法恒者阳直人也来金城寓塔院（中略）出赀修葺慷慨直前（中略）而银钱应急大业速成（下略）

十三、重修佛宫寺碑记 清同治五年（公元1866年） 在副阶南面东端

余少游佛宫寺与寺后大雄殿见其祠宇巍峨壁垣高峻已不胜仰止钦崇之意而寺内又有古塔上下以木为之其高三百六十尺（中略）余考释迦之塔建自辽清宁二年厥后重修者不知其凡几（中略）至同治二年塔上之檐台已就残伤寺内之墙垣亦多颓败（中略）甲子岁乡耆孙廷弼等慨然有重修之志（中略）由是补塑神像彩画塔上俱各有施财善士整旧更新而塔后九间殿新立看墙又添门楼视畴昔之规模亦什倍矣（下略）应州儒学文生乡饮介宾孙三元谨撰并书

十四、重修序 1928年 在第五层内槽南面

金城释迦木塔创建于辽时玲珑高峻无与伦比浮图之中推为巨擘登是塔者莫不称为奇观叹为神功历年既久不免为风雨侵蚀人畜践踏已不复睹昔日之壮观及经晋国一战塔之上下被炮轰击二百余弹柱梁椽墙壁檐台无不受其毁坏如再迁延不修恐将数百年之古迹无复保存矣世荣等慨然有重修之志于是邀集绅商各界募款兴工越两月工程告竣檐台柱椽焕然一新其成功之速大有非预料之所及兹将施财善士会集于左是为序（下略）

十五、重修匾记　1929 年　在第二层内槽北面

窃自佛教东渡丛林寺观随地建筑可云盛矣应县辟处雁北素号寒苦构材为难鸠工不易借非佛法钟灵而擎天宝塔何能巍然出现哉惟创于金辽时代越年既久历经重修灵光不移古迹昭垂久为天下之奇观余因风雨剥蚀佛像凋残已属不堪注目加以民国十五年连遭兵灾炮弹炸毁塔顶之云罗宝盖等事以及各级之檩柱补修尤当岌岌堪幸张翁世荣等皈依佛法好善心纯提倡重修遂佐大□禅师募集布施鸠工大作缺者添之破者补之佛像金身焕然一新所谓非常之事必待非常之人良不虚也兹当施工告竣聊志数语于匾端并施钱众善士等列后共垂不朽云（下略）

十六、各层牌记

第一层

内槽南门西立颊上　光绪三十四年本城居士弟子数人愿施工财金妆鲜耀

第二层

南面西乳栿下　大清光绪十三年三月重修二檐佛像坐下暗檐中椽损坏牌记施财善士苏□□李怀春等木匠杨述祥任连铁匠杨光德

南面东乳栿下　大明正德十二年七月十五日妆佛功德主本寺僧施主善女人等立

内槽南面西立颊上　光绪二十年七月浑郡信士弟子张绪等重贴金神彩妆佛像一殿

东面南乳栿下　大清同治五年信士乡饮耆宾何静清韩舟修明暗两层督工孙廷弼画匠张晫

北面东乳栿下　大清同治五年向海修理明暗两层

西面北乳栿下　大清同治五年信士田延昭等彩画明暗两层

第三层

南面西乳栿下　同治五年妆修佛像功德主本郡人刘栋

南面东乳栿下　正德十二年妆佛功德主石守林

东面南乳栿下　同治五年信士杨作楫彩画东面第二层明暗两檐

北面东乳栿下　同治五年信士郑考彩画明暗两檐

西面北乳栿下　同治五年信士刘大官等十二人彩画明暗两檐

第四层

南面西乳栿下　同治五年妆修诸佛法像补塑金身莲座信士刘恺等

东面南乳栿下　同治五年信士孙瑞等七人彩画正东第三层明暗两檐督工人本城孙廷弼塑画匠崔家庄张晫

北面东乳栿下　同治五年国学生吴珏彩画明暗两檐

西面北乳栿下　同治五年信士乡饮耆宾刘敬汉彩画两檐

第五层

南面西乳栿下　道光二十四年知应州事满州正黄旗人文润敬修

南面西角乳栿下　同治五年岁次丙寅七月魏安暨子廷辅补塑金身塑工本城人孙廷弼画工崔庄人张晫

东面南乳栿下　同治五年信士马天元等彩画东面第四层明暗两檐

北面东乳栿下　同治五年七月信士乡饮耆宾刘中和暨子杰孙世祥彩画明暗两檐

西面北乳栿下　同治五年七月彩画明暗两檐乡饮耆宾杀虎口信士李体仁前任常州大粮台委员信士张在霄

十七、各层匾联

副阶外檐

南面明间　“万古观瞻”康熙六十一年

南面东次间　“足壮观瞻”宣统元年权州篆程世荣谨书

东南面南次间　“奎光普照”乾隆丙午年吴法恒敬立

北面内门上　“法海慧莲”乾隆丙午年吴法恒敬立

北面明间　“永镇金城”权州篆陆叙钊敬书

西南面南次间　“百尺莲开”乾隆丙午年吴法恒书

第一层外檐

南面　“天柱地轴”关中王有容立

第二层平坐铺作外

南面 “正直”龙飞雍正二年二月吉旦立钦命武英殿纂修文林郎知怀仁县事李佳士

第二层

外檐东南面 “天宫高耸”光绪十七年应州知事李恕敬书

外檐东面 “慈光远照”康熙六十一年油房行同立

外檐北面 “中立不倚”雍正四年萧纲立

外檐西面 “香云普住”康熙六十一年缸□同立

内槽南面 “古迹重新”康熙六十一年正黄旗世袭拜他喇布勒哈番资政大夫管佐镇事加二级图勒孙敬立

内槽东南面 “同登极乐”（有序）咸丰元年居士何其祥等敬立

内槽东面 “大法力”乾隆乙巳应州吏目黄应元立

内槽东北面 “香风花雨”同治五年崔家庄张曜等敬献油匠张晫

内槽西面 “鹫岭无异”同治五年崔家庄崔显岩等敬献画匠张晫

内槽北面 1929 年重修记

外檐南面木联 “拔地擎天四面云山拱一柱”“乘风步月万家烟火接层霄”

外檐东面木联 “高接恒峰云在槛”“遥临桑渡水围城”

（外檐西面木联字漶漫，北面无）

第三层

外檐南面 “释迦塔”（两侧有铭记）

外檐东南面 “峻极于天”宣统三年知应州事任绪瀛敬书

外檐东面 “天华云锦”康熙六十一年当铺行同立

外檐北面 “灵山未散”1929 年县知事薛恩荣题

外檐西面 “花宫仙梵”康熙六十一年九月应州布铺行立

内檐东面 “皈依佛”康熙六十一年督工生员等立

内檐北面 “仰之弥高”康熙壬寅应州捕厅毛□敬题

内槽南面 “霄汉凭临”雍正元年督理山西粮驿使严昉题并书

内槽东面 “荡胸层云”雍正乙卯三晋巡使夏之劳立

内槽北面 “第一浮图”康熙六十一年□□□敬立

外檐南面木联 “俯瞩桑干滚滚波涛萦似带”“遥临恒岳苍苍岫嶂屹如屏”

外檐东面木联 “放眼欲穷千里界”“抠衣试上六层来”

（外檐西面木联字漶漫，北面无）

第四层

外檐南面 横匾“天下奇观”，左右立匾东“金城”西“雁塔”

外檐东南面 “壮观”光绪四年口泉常礼立

外檐东面 “万象逢春”康熙六十一年杂货碾房行同立

外檐北面 横匾字漫漶

外檐西面 “重新真会”（有记）乾隆五十一年杨乘运立

内檐南面 同治六年立明清两代科甲题名录

内槽南面 “洗涤尘心”康熙六十一年赐进士出身分守雁平道孙赞□立

内槽南面（前匾之上）“奎曜增辉”光绪庚寅州判张斯珏敬立

内槽东面 “突兀碧空”康熙壬寅汝州知州宛平章世麟章世鹏同立

内槽东北面 “庄严法相”康熙六十一年督工里民高紫绶严崇章张敏业敬立

内槽北面 “高出云表”康熙壬寅候选州同宛平章世麟等同立

内槽西面 “文笔参天”康熙壬寅候选知州宛平章世駣章世凰同立

内槽西南面 “留白云”康熙六十一年督工里民徐仗林等立

外檐南面木联 “点硷透云霞西望雁门丹岫小”“玲珑侵碧汉南瞻龙首翠峰低”

外檐东面木联 “俨如月窟同登眺”“恍有天梯许共攀”

外檐西面木联 “飞云……”（下联失去，北面无）

第五层

外檐南面 “峻极神功”当中书“世祖文皇帝御题”

外檐东面 “玩海”弘治三年关西薛敬之书

外檐北面 “拱辰”弘治三年关西薛敬之书

外檐西面 “挂月”弘治三年关西薛敬之书

内檐南面 “木德参天”（有序）乾隆游兆淹茂莫春赐进士武翼大夫署北楼营参将梁山刘仕伟撰并篆

内槽南面　1928年重修序

内槽南面（前匾之上）“望嵩”弘治三年关西薛敬之书

内槽东南面　“毗卢真境”嘉庆十八年太谷成顺二等立

内槽东面　“上接云天”康熙壬寅满洲正白旗笔帖式文林郎罕班立

内槽东北面　“近日低云”康熙壬寅督工里民马良张纶李守桐赵迁善立

内槽北面　“慈云普济”康熙六十一年署理山西巡抚德音敬书

内槽西北面　“在半天”康熙壬寅督工里民阎廷弼张祯丰满仲敬立

内槽西面　康熙六十一年重修记

（外檐南北二面木联失去，东面字漫漶，西面存“剅……”“望中……”）

英文简介[①]

The Yingxian Timber Pagoda

(Abstract)

The timber pagoda in Yingxian County, Shanxi Province, is the most ancient existing multi-storeyed timber structure in China. It was built more than 900 years ago, in 1056 A.D., during the time of the Liao Dynasty. Its gigantic scale and great height eloquently testify to ancient China's skill in timber structure. Standing tall and erect throughout the long years, impervious to the ravages of nature, including seismic disasters, the pagoda fully proves the durability of timber structures. It is a major gem of ancient Chinese architecture and one of the world's wonders in ancient architecture. In March 1961, the State Council of the People's Republic of China proclaimed it one of the country's important cultural relics under state protection.

On a clear day, the magnificent outline of this timber pagoda at the foot of a mountain can be seen some 30 kilometres away and it becomes more and more distinct as you get nearer to it. Its simple, bold exterior; aged, ancient colours; ingenious structure and multi-layers of eaves as well as its pinnacle soaring into the sky forcefully catch the eye.

It is an octagonal multi-storeyed timber frame-work Buddhist pagoda. Its structure can be divided into three parts: the base, the shaft, and the pinnacle. The total height of the pagoda is 67.31 metres. The shaft, from the base to the pinnacle, which is the main part of the pagoda is completely made of timber. This main part of the structure is divided into ten storeys:

[①] 此英文简介系建筑史家孙增蕃先生据陈明达所撰中文稿翻译，现经吴萌校订。

five storeys of the shaft, four storeys of platforms, and a top storey. Apart from the top, the structural layout for every floor is identical, that is, the columns and lintels are arranged in two concentric octagonal drums, one inside the other, with their column heads supporting a layer of brackets which form with the two octagons and integral whole. Several dozen kinds of brackets are used in each storey to provide for bays, depth and roof overhang, which shows the importance of the brackets in such a structural system and their flexibility. This kind of structure is a system in itself. Its characteristic is clear division of the various storeys horizontally with each storey itself an integrated structure. The structure is meticulously interlocked, counter-acting each other in all directions so that the structure cannot easily deform; the whole pagoda is made up of storey upon storey of such fully integrated structures which fully ensures the stability of the timber pagoda. Such a structure is especially suitable for large-area or high-rise buildings. It can be said that it is an outstanding creation of ancient Chinese architecture. When we see this magnificent tall Buddhist pagoda with a history of nearly a thousand years, we cannot but be amazed at the wisdom and artistic skill of China's ancient architects and builders.

Since the period of slave society, ancient Chinese architecture had developed into a unique Chinese building system of mainly timber structures. By the time of the Warring States Period in the early days of feudal society, one can clearly see signs of multi-storeyed buildings in historical records and existing ancient ruins. From the Warring States Period to Qin (Chin) and Han Dynasties, the terraced pavilions had developed into multi-storeyed partitioned towers. The influence of Buddhism during the Han, Tang and Song Dynasties, resulted in the multi-storeyed partitioned towers developing into pagoda temples. But such high-rise structures of some 1,000 to 2,000 years ago no longer exist. Therefore, the more than 900-year-old Yingxian timber pagoda is the only example from which we could learn something about the strength, height, and scale of those ancient timber structures and, furthermore, investigate the beginning and development of such a building system; study the structural principle of those large-scale, multi-storeyed buildings and explore the course of development of ancient Chinese architecture.

This book is an all-round academic record. It fully and accurately describes the external and internal appearance of the pagoda, its timber structure and its sculptures, murals, and other cultural relics. The main purpose of this book is to give a detailed and comprehensive record of this important high-rise timber structure to serve as a reference for scientific research and for its protection and preservation.

The book consists of written text and plates. The plates are drawings to scale and photographs. There are 35 drawings to scale showing the plan, front elevation, and sections as well as necessary details in enlarged scale. There are 142 photographs of details, close-ups and full views of the pagoda's architecture, sculptures, and murals. Furthermore, it includes a short chronology compiled from existing material and an appendix of relevant documents arranged in chronological order for readers' reference.

The author is Mr. Chen Mingda, an engineer of the Academy of Building Research of the State Capital Construction Commission of China. The book is in two parts: Part I is mainly an investigation on the present state of the timber pagoda. It comprehensively records and analyses the survey and provides tables of detailed measurements. It is first-hand material necessary for studying timber pagoda architecture and structure and for protecting and preserving such buildings.

Part II discusses the origin and construction history of pagoda-style timber storeyed pavilions, the original conditions of pagoda temples, their architectural designs and structures and certain questions related to architectural history.

The emphasis of the book's written text is to explain the architectural design principle of this pagoda and prove theoretically with the data obtained by actual measuring that composition of elevation strictly conforms to the laws of mathematics and geometry; that a close dialectical relationship exists between the elevation composition and the plan dimension, and between the plan dimension and structure. It points out that the structural form of the pagoda is that of the structure for "Halls and Pavilions" in the Song Dynasty *Treatises*

On Architectural Methods, for the whole pagoda could be divided horizontally into several storeys, one on top of the other with the brackets of each storey being an integrated whole of each individual storey.

The results of this research surpass the scope of all previous studies on ancient Chinese architecture and are a big step forward in exploring the designing principles of China's ancient architecture and its methods.

This book is of great reference value for specialists studying Chinese architectural history, archaeologists and historians, for research workers studying the history of Buddhism and the history of the fine arts as well as for teachers and students in architectural departments of universities and institutes.

整理说明

这部专著是陈明达先生的代表作之一，在建筑历史学界广受赞誉。其学术意义，正如建筑史家傅熹年先生在为《中国大百科全书　建筑、园林、城市规划》卷所撰词条中所述："本书最大的特点是找到了该塔的一些设计规律。著者经过多次测量，反复验证，发现全塔的设计是以第三层每面柱头间总宽为标准数，第一至第五层塔身（包括平坐）和塔顶共六段都等于这个标准数……这本专著阐明，中国古代建筑从总平面布置到单体建筑的构造，都是按一定法式经过精密设计的，经过精密的测量（大尺寸精度控制在 1 厘米以内）和缜密的分析，是可以找到它的设计规律的。"对此，陈明达本人则始终坚持强调，他对木塔的研究所取得的是阶段性的进展，故在 1980 年的再版"附记"中，着重指出文中的四项"今天看来仍然是正确的，但存在着重要的不足之处"，希望他本人及后学者能继续深入探讨。他自己也确实自此专著问世之日起，就从未停止过这方面的尝试。他曾向印刷厂单独索要了几份实测图、文内分析性插图的印刷样本，以之为底图，反复核查，其中十种十四张实测图和一张分析性的手绘插图留有其数次批改的手迹。这些实测图、分析图的批注本，不仅记录了作者本人的探析历程（有些分析进展已及时应用于其另一代表作《营造法式大木作制度研究》的写作），也为后人留下了弥足珍贵的研究线索。

另据二十世纪六十年代担任陈明达先生研究助手的黄逖先生回忆（2016 年口述），原书稿在初版前曾数易其稿，其中一稿系受"文化大革命"前夕的政策影响，对木塔受损情况（主要是 1937—1949 年的战争损坏情况）做了一些删节。不仅文稿做了删节，图版的选用也尽量避免在 1962 年考察时尚未修复之处，如第二层平坐钩阑、地板等。此外，图版中的两幅彩照系 1964 年书稿送印刷厂之前追加，基本反映了当时的修缮工程进展。1980 年再版时，因故未能补充修订上述损毁与修缮情况，陈先生对此甚感遗憾——尽量翔实地记录木塔受损情况，实际上是从另一个角度体现木塔的坚韧程度（例如，据 1928 年《重修序》和 1951 年莫宗江《应县、朔县及晋祠古代建筑》二文所记粗略估算，在 1926 至 1950 年之间的历次战火中，木塔曾被多达二百四十枚以上的炮弹击中）。

鉴于上述情况，本卷对原著的整理以 1980 年再版文本为蓝本，除按作者生前批注修订了部分文字外，又将实测图、分析图的批注副本附于原图之后一并排印，并在图版部分增补了若干张梁思成、莫宗江、刘致平、赵正之等前辈于 1933、1935、1950 年考察所摄照片，以期更加全面地记录木塔的历史信息。相信此举是符合作者愿望的，对今后的研究工作也是不无裨益的。

需要说明两点：各时代对论文规范的要求不尽相同，如当今的规范要求列表不得有表头空白等等，本卷为保存历史信息，基本维持原貌而尽量少作修改；原书总题为《应县木塔》，下分论文《佛宫寺释迦塔》、实测图、图版、年表和附录等若干板块，按当今的规范，似应改书名为《佛宫寺释迦塔》，本卷也沿袭旧例，不予变更，仅在此说明——“应县木塔”系“应县佛宫寺释迦塔”之习称。

本卷的整理工作主要由殷力欣承担，在整理过程中得到丁垚、肖旻、永昕群三位专家学者的大力协助。

整理者